新しい物理化学

地球環境を守る基礎知識

三島健司・日秋俊彦・甲斐敬美 著

化学同人

はじめに

　物理化学は理学と工学の基礎であり，広範囲にわたる現代科学の中心的かつ基礎的役割を担う重要な学問である．21世紀の課題である地球環境問題の解決においても，物理化学の基礎知識が必要不可欠であるといって過言ではない．
　私たち人類は21世紀を迎えて重要な岐路に立っている．人類をはじめ地球上の生物の生存を困難にするような環境破壊を食い止めることなく滅びていくのか，それとも人類が総力をあげてこれを食い止め，修復しながら新たな文明を築くのかという選択を迫られている．前世紀のめざましい科学技術の発展によってもたらされた工業文明が，一部には生態系を破壊するような開発行為になっていたことに私たちはようやく気がついた．現在，地球環境について修復を求められている問題は温暖化，オゾン層の破壊，酸性雨，海洋汚染，有害廃棄物の越境移動，熱帯雨林の減少，野生生物種の減少，砂漠化の進行と拡大，開発途上国の環境破壊など非常に多い．これらは一人ひとりの意識の向上と，画期的な科学技術の導入なくしては解決しない問題ばかりである．
　思うに，前世紀の大量生産，大量消費，大量廃棄型の社会システムに決別し，持続可能な社会システムを構築するには，物理化学の原理を利用した環境保全型の製造技術が必要不可欠なのである．
　本書は，21世紀を生きる人類が解決すべき地球環境問題とその対策となる技術について概説し，さらにそうした技術の基礎となる物理化学の基礎知識についてやさしく解説したものである．従来の物理化学の教科書には厳密な理論展開を中心に書かれた難解なものが多かったが，本書は物理化学の入門書として，日々の生活と関連した身近で新しい環境問題を取り上げ，それらを解決する技術に活かされている物理化学の原理を紹介し，物理化学を親しみやすい学問として解説しようとしたものである．物理化学の教科書は本来，熱力学，平衡，速度論，構造などの多くの領域を網羅すべきだが，本書では物理化学的な手法の実際の使い方を学ぶことで理解を確実なものとするため，環境や化学関連の装置で使われている化学物質に関する計算などに使用される熱力学，平衡，速度論を中心に述べる．具体的には，第1章では地球環境問題の概要を述べ，第2章ではこれを解決するいくつかの具体的な技術について解説した．第3章以降では地球環境問題の解決に寄与することを目的に物理化学の基礎知識についてわかりやすく述べた．
　本書を通じて多くの学生諸君が物理化学の基礎を身につけ，環境分野のみならず，そのほかの分野においても将来，活躍してくれるならば著者としてこれ以上の幸せはない．

本書をまとめるにあたっては巻末に示した多くの文献を参考にさせていただいた．厚く御礼申しあげる．また例題や章末問題のチェック，および作図にご協力いただいた福岡大学工学部化学システム工学科 松山清併任講師ならびに三島研究室の大学院生 馬場政義，平原卓司，千鳥増広，大館隆元，山内悟留氏に感謝する．さらに本書の出版にあたって，企画・編集に大変お世話になった（株）化学同人の栫井文子氏に深く御礼申しあげる．

2004 年 2 月

著　　者

目 次

第1章 地球環境問題 ………………………………………1
- 1.1 身のまわりの環境問題 …………………………1
- 1.2 環境汚染物質と環境汚染対策 …………………3
- 1.3 地球温暖化 ………………………………………11
- 1.4 破壊が進行するオゾン層 ………………………15
- 1.5 酸 性 雨 …………………………………………17
- 1.6 資源，エネルギーと環境 ………………………19
- この章のまとめ ………………………………………26
- 章末問題 ………………………………………………27

第2章 環境を守る技術 ……………………………………29
- 2.1 吸 着 ……………………………………………29
- 2.2 PSA 分離 …………………………………………35
- 2.3 膜 分 離 …………………………………………36
- 2.4 ガス吸収 …………………………………………40
- 2.5 触媒反応操作 ……………………………………41
- この章のまとめ ………………………………………45
- 章末問題 ………………………………………………45

第3章 物理化学の基礎知識 ………………………………47
- 3.1 単位と記号 ………………………………………47
- 3.2 物質の状態と相律 ………………………………47
- 3.3 状態方程式 ………………………………………57
- 3.4 粘 度 ……………………………………………64
- この章のまとめ ………………………………………67
- 章末問題 ………………………………………………67

第4章 熱力学第一法則と第二法則 ………………………69
- 4.1 仕事とは …………………………………………69
- 4.2 熱 と は …………………………………………71

- 4.3 熱力学第一法則 …………………………………… 72
- 4.4 定容過程および定圧過程における内部エネルギー ………… 73
- 4.5 熱力学第二法則 …………………………………… 78
- 4.6 エントロピーの統計力学的表現 …………………… 81
- 4.7 熱化学 ……………………………………………… 83
- この章のまとめ ………………………………………… 84
- 章末問題 ………………………………………………… 85

第5章 自由エネルギーと平衡 …………………………… 87

- 5.1 熱力学的平衡 ……………………………………… 87
- 5.2 自由エネルギー …………………………………… 88
- 5.3 混合物の状態量 …………………………………… 90
- 5.4 組成の計算 ………………………………………… 90
- 5.5 自由エネルギー変化と反応の方向 ………………… 93
- 5.6 化学平衡 …………………………………………… 94
- 5.7 平衡定数の温度依存性 …………………………… 96
- この章のまとめ ………………………………………… 97
- 章末問題 ………………………………………………… 98

第6章 分離技術と相平衡 ………………………………… 101

- 6.1 混合物の組成と分離装置 ………………………… 101
- 6.2 気液平衡 …………………………………………… 103
- 6.3 高圧気液平衡 ……………………………………… 113
- 6.4 液液平衡 …………………………………………… 116
- 6.5 固液平衡 …………………………………………… 121
- この章のまとめ ………………………………………… 125
- 章末問題 ………………………………………………… 125

第7章 反応速度論 ………………………………………… 127

- 7.1 化学反応の分類 …………………………………… 127
- 7.2 反応操作の分類 …………………………………… 128
- 7.3 反応速度式 ………………………………………… 128
- 7.4 反応速度の温度依存性 …………………………… 133
- 7.5 不均一触媒反応 …………………………………… 135
- この章のまとめ ………………………………………… 136

章末問題 …………………………………………137

付　録 …………………………………………139
付　表 …………………………………………177
図表の出典一覧 ………………………………179
章末問題の解答 ………………………………181
索　引 …………………………………………185

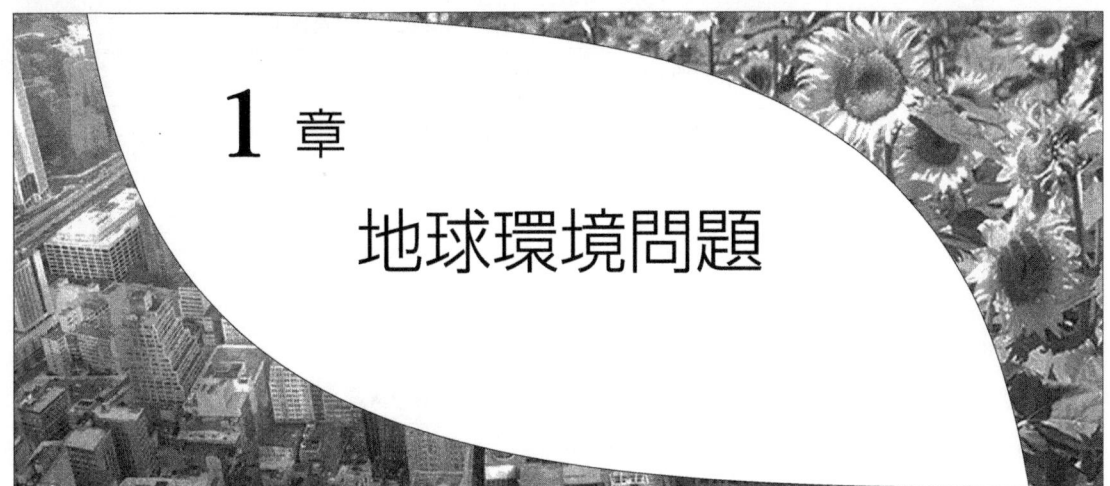

1章 地球環境問題

　最近気になった環境関連のニュースには，どのようなものがあるだろうか．早急に解決しなければならない地球規模の環境問題だけでもいくつもある．そのような環境問題に対して，どのような技術で対処できるのだろうか．また，その技術を理解するには何を学べばいいのだろうか．本章では，まず身のまわりの環境問題とその対策技術を中心に述べる．

1.1　身のまわりの環境問題

　1956年ごろに社会的に問題となった有機水銀中毒のように，かつての環境・公害問題は，工場の周囲などで起こった地域特有の問題としてとらえられていた．しかし，生態系相互のかかわりについて科学的な解明が進み，多くの人が地球そのものを一つの生態系として理解するようになると（ガイア理論），**環境問題**（environment problem）は地域的なものから地球規模の現象として認識されるようになった．

　私たちをとりまく環境のなかで最も慣れ親しんできたものとしては，水と空気が思い浮かぶであろう．水や空気の汚れは，私たちの生活と直接にかかわる環境汚染問題である．ガソリンを燃料として自動車を運転すれば，排ガスにより**大気汚染**（air pollution）の原因物質が排出されるし，家庭で使われた水も**排水**（drainage）として**水質汚染**（water pollution）の原因となることを私たちは意識しているだろうか．また私たちが毎日排出しているゴミも，身近な環境問題となっていることも忘れがちである．

　環境基本法第2条第3項では「公害とは，事業活動等に伴って生ずる相当範囲にわたる大気の汚染，水質の汚濁，土壌の汚染，騒音，振動，地盤の沈下および悪臭の七現象である」と定められている．60億人以上の人間が生

ガイア理論
イギリスの科学者 Lovelock によって提唱された理論．地球は，水が蒸気や液体になることで気温，大気組成，ほかにも海や大地の成分すら一定の値を維持するような恒常性を持っている．これは生物の特徴の一つであり，したがって地球を一つの生物，少なくとも擬似生物のようなものととらえることができるであろう．このガイア理論から，生態系相互のかかわりと，持続可能な開発のあり方について科学的に検討されている．

表1.1 環境についての法律

1993年	環境基本法(環境庁)
1994年	環境基本計画(環境庁)
1997年改正	廃棄物処理法(厚生省)
1997年	地球温暖化防止京都会議
1999年改正	改正省エネ法(通産省)
2000年	ダイオキシン類対策特別措置法(環境庁,厚生省)
2000年	循環型社会基本法(環境庁)
2001年	家電リサイクル法(通産省,厚生省)
2002年	化学物質管理促進法(環境庁)

表1.2 技術者に必要とされる資格

環境計量士(濃度関係,騒音・振動関係) [http://www.jemca.or.jp/info/]
危険物取扱者(甲種,乙種,丙種) [http://www.shoubo-shiken.or.jp/]
公害防止管理者(水質,大気,騒音,振動,一般粉じん,特定粉じん,ダイオキシン) [http://www.jemai.or.jp/polconman/default.htm]
高圧ガス取扱者(高圧ガス製造保安責任者,高圧ガス販売主任者,液化石油ガス設備士) [http://www.khk.or.jp/]
毒物劇物取扱責任者 [http://www.pref.kyoto.jp/yakumu/dokusiken/]
初級システムアドミニストレータ [http://www.jitec.jp/]
基本情報処理技術者(旧 情報処理技術者第二種) [http://www.jitec.jp/]

このような技術については小宮山宏編著,『地球環境のための化学技術入門』,オーム社(1992)を参照せよ.

活している現在の地球では,私たち人類が使用し,廃棄したさまざまな物質が多量に蓄積し,広い範囲に影響を及ぼすような環境問題を引き起こす場合もある.このような地球環境問題としては,水質汚染や大気汚染のほかに**地球温暖化**(global warming),**オゾン層破壊**(ozone depletion),**酸性雨**(acid rain),**廃棄物**(waste),**砂漠化**(desertification)など,さまざまな問題がある.また**資源の枯渇**(exhaustion of resources)や**エネルギー**(energy)の問題も,環境問題と深くかかわっている.これらの問題を解決するために,新たな科学技術の開発が望まれており,**物理化学**(physical chemistry)の基本原理を利用したいくつかの優れた技術がすでに利用されている.また環境問題に対しては,表1.1に示すような種々の法整備が進み,技術者にとって必要とされる資格も表1.2に示すように増えている.本章では,おもな地球環境問題とそれらの対策技術について簡単に解説する.

1.2 環境汚染物質と環境汚染対策

1.2.1 環境汚染

環境汚染物質(environmental pollutant)としては，表1.3に示した有機水銀中毒の原因物質である有機水銀や，毒性の強いカドミウムなど多くのものがある．従来，比較的高濃度で毒として作用する物質を"環境汚染物質"として問題視してきた．しかし近年，非常に低濃度であっても，世代を越えて生体に悪影響を与えるある種の化学物質も新たな環境汚染物質として注目されている．これらは**外因性内分泌撹乱化学物質**〔**環境ホルモン**(endocrine disruptors)〕と呼ばれ，すでに200種以上が指摘されている．有害塩素系化合物である**ダイオキシン類**(dioxin. 図1.1)，農薬の**DDT**(p, p'-dichlorodiphenyltrichloroethane)なども環境ホルモンと考えられる．これら低濃度で

これらの問題については環境省による年次報告書「化学物質と環境」(http://www.env.go.jp/chemi/kurohon/)を参照するとよい．

表1.3 環境汚染物質とその問題点[1]

物　質	問題点
DDT HCH ディルドリン クロルデン PCP PCB トリクロロエチレン テトラクロロエチレン フロン	環境残留性，発がん性，肝障害，腎障害，魚毒性，神経系障害，催奇形性，カネミ油症，地下水汚染，オゾン層破壊
パラチオン ダイアジノン	強毒性，神経系障害
サリドマイド キノホルム	催奇形性，スモン病
BHT, BHA チクロ，サッカリン AF-2	発がん性
LAS, ABS	水環境汚染，健康障害
四エチル鉛 TBT, TPT 有機水銀剤	大気汚染，健康障害，水環境汚染，魚毒性

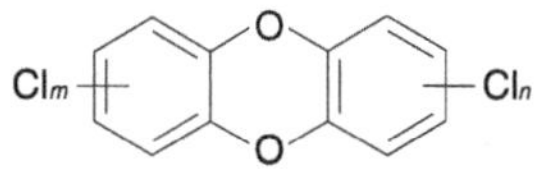

ポリ塩化ジベンゾジオキシン
($m+n=1〜5$)

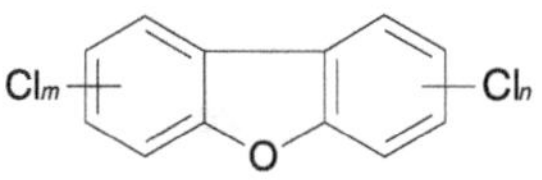

ポリ塩化ジベンゾフラン
($m+n=1〜8$)

図1.1 ダイオキシン類の構造

も作用する物質は，地球規模での新たな環境汚染物質として社会的問題となっている．またこれらの物質は，難分解性で蓄積度が高いため，環境中に放出されて大気や海域へ広がり希釈を受けても，食物連鎖によって濃縮され，再び人間の口へと戻ってくる．これは**生体濃縮**(bioconcentration)と呼ばれる，自然界でのメカニズムによるものである(図1.2)．

　ある化学物質が，環境中でどれほど生体濃縮されるかを示すために生体濃縮係数が利用される．これは対象物質の，環境水中の濃度に対する生物中の濃度で表される．生物を測定対象として実験的にこの係数を求めることは非常に重要であるが，測定には膨大な経費と作業が必要であり，生物の個体差が大きいため再現性のある値を得ることが難しい．そこで，オクタノール-水系を用いて測定された**分配係数**(partition coefficient)を使う手法が提案されている．ただしオクタノールと水の液液平衡組成は，生物の内部と外部における水の関係とはかなり異なるので，相関からかなり外れる物質もある．そこで近年，オクタノール-水系での分配係数に代わって，ある種の水溶性高分子を水に溶解することで水が二つの液相を形成する**水性二相分配系**(aqueous two-phase system)を利用した分配係数の測定が提案されている．この水性二相系では有害な有機溶媒を使用しておらず，またオクタノール-水系よりも生体濃縮係数に対して，より高い相関性が見いだされている．

水性二相分配系
生体関連の水溶性高分子であるデキストランやポリエチレングリコールと，電解質であるリン酸塩などを用いることにより，水を二つの相に分離できる．

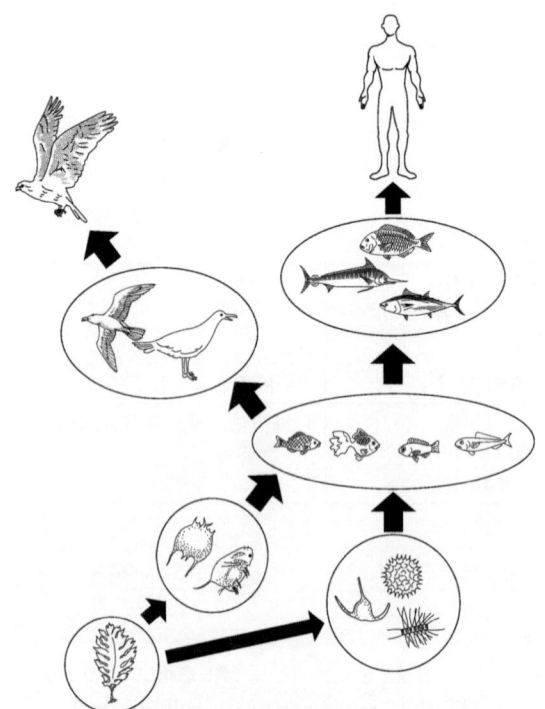

図1.2　生体濃縮の過程

環境汚染物質に対しては，すでに多くの処理技術が検討されている．水質汚染対策技術，大気汚染対策技術，廃棄物処理技術は，その技術が開発されるきっかけとなった公害問題などと密接な関係にあるため，その経緯を知ることは，将来必要とされる可能性のある新しい技術を開発するうえでも重要である．これまでの人間生活や産業活動にともない問題視されるようになったおもな環境汚染物質とその処理方法を表1.4に示す．

表1.4 環境汚染物質に対する処理[1]

	大気汚染	水質汚染	廃棄物
被 害	呼吸器系疾患など	化学物質による中毒など	埋立地不足，有害化学物質の漏出による土壌汚染
原 因	浮遊粒子状物質，光化学オキシダント，窒素酸化物，硫黄酸化物など	工場排水，生活廃水など	産業廃棄物，一般廃棄物
対 策	大気汚染防止法など	水質汚濁防止法など	廃棄物処理法，リサイクル法など
処理方法	吸収法，吸着法など	中和法，沈殿法，酸化法，硝化法，活性汚泥法など	再資源化，粉砕・分離，油化，超臨界抽出，晶析，沪過，蒸発，蒸留，吸収，吸着，抽出，沈降分離，高温高圧水分解，微生物利用など

例題1.1

ある生物の化学物質Aに対する濃縮係数が10^4であるとする．その生物が，物質Aの濃度が$0.05\,\mathrm{g\cdot m^{-3}}$である環境水中で生息しているとき，その物質Aの体内濃度$[\mathrm{g\cdot kg^{-1}}]$はいくらになると予測できるか．ただし，生体媒体の密度を$1000\,\mathrm{kg\cdot m^{-3}}$と仮定する．

解 濃縮係数が10^4，環境水中の物質濃度が$0.05\,\mathrm{g\cdot m^{-3}}$であるので，体内濃度は次のように計算できる．

$$10^4 \times 0.05 = 500\,\mathrm{g\cdot m^{-3}}$$

水の比重は$1000\,\mathrm{kg\cdot m^{-3}}$であるので

$$\frac{500}{1000} = 0.5\,\mathrm{g\cdot kg^{-1}}$$

よって，体内濃度は$0.5\,\mathrm{g\cdot kg^{-1}}$となる．

1.2.2 排水処理技術

水域に流入した汚染物質は化学作用や生物作用により，それ自体が分解され無害化されることがある．このように自然界で行われる無害化は一般に自

浄作用(self-cleaning action)と呼ばれている．しかし，しばしば自浄作用の能力を超えた汚染物質が河川に排出されるため，排水の処理が必要となっている．このような排水の処理方法には大別して，物理化学的処理法と生物学的処理法がある．

(1) 物理化学的処理

物理化学的処理は図 1.3 に示すように，固体と液体を分離する固液分離，あるいはイオンなど水に溶けている溶解性物質の分離，または酸化・分解などにより行われる．

水に溶解しない粒子の場合，小さい粒子は沈殿せず液中に浮遊している．これを**浮遊物質**(SS, suspended substance)といい，沈降させるためさまざまな方法が用いられている．排水処理では沈降分離が重要な役割を担っている．沈降には浮遊粒子を凝集させ，粒子を大きくして沈殿を促進させる重力沈殿と，凝集剤を加えることによって分散している粒子を凝集させ，粒子を大きくして沈降速度の増大を図る強制沈殿(凝集沈殿)とがある．図 1.4 に重力沈殿で使用される沈降濃縮作用を用いた排水処理装置として，連続沈降濃縮装置(一般にシックナーと呼ばれる)を示す．シックナーは液体を含む固体

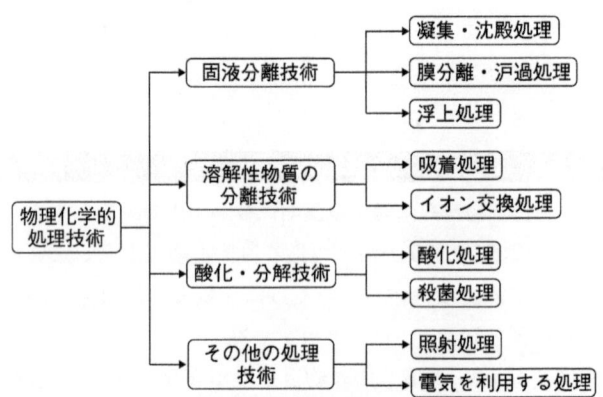

図 1.3　物理化学的処理のいろいろ

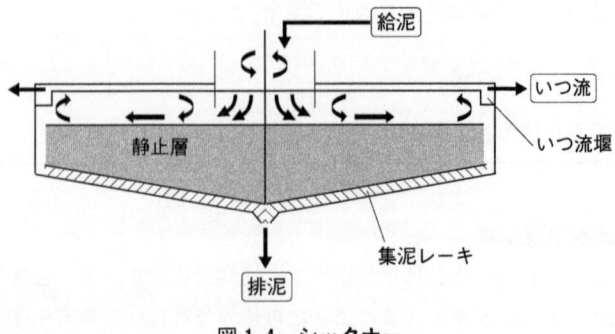

図 1.4　シックナー

スラリー（液体に微細な固体を分散した懸濁液のこと）から液体を除いて，汚泥などの濃縮ができる．

さて，どうして粒子が大きいと沈降するのだろうか．流体のなかで1個の球形粒子が重力の作用のもとに自由沈降する場合を考えてみよう．流体は静止しており，粒子は他の粒子や容器壁の影響を受けないものとする．ρ を流体の密度 [kg・m^{-3}]，ρ_p を粒子の密度 [kg・m^{-3}]（$\rho_p > \rho$），また θ を時間 [s]，g を重力加速度 [m・s^{-2}]，さらに D_p を粒子径 [m]，C を抵抗係数 [—]，u を粒子と流体の相対速度 [m・s^{-1}] とすると，粒子の運動方程式は次のように書ける．ただし，粒子に働く力については図1.5に示す．

$$\frac{\pi}{6}D_p{}^3\rho_p\frac{du}{d\theta} = \frac{\pi}{6}D_p{}^3(\rho_p - \rho)g - C\frac{\pi}{4}D_p{}^2\rho\frac{u^2}{2} \tag{1.1}$$

この式の左辺は慣性項で，右辺第1項が密度差に起因する重力項，第2項が粒子と液の摩擦による粘性項である．この式を整理し，変形すると次式を得る．

$$\frac{du}{d\theta} = \left(\frac{\rho_p - \rho}{\rho_p}\right)g - \frac{3}{4}C\frac{u^2}{D_p}\frac{\rho}{\rho_p} \tag{1.2}$$

右辺第1項は u に無関係に一定であるが，第2項は u の増加とともに大きくなり，$du/d\theta = 0$ のとき，粒子は一定速度の運動をするようになる．このときの速度を**終末速度**（terminal velocity）といい，これを u_m [m・s^{-1}] で表すと次のようになる．

$$u_m = \sqrt{\frac{4g(\rho_p - \rho)D_p}{3\rho C}} \tag{1.3}$$

粒子径が大きければ大きいほど終末速度が大きくなり，沈降しやすくなることがわかる．

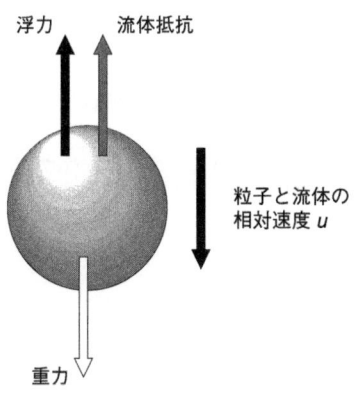

図1.5　沈降粒子に働く力

(2) 生物学的処理

生活廃水などの有機系汚水を主体とした排水の処理には，微生物が利用されている．微生物処理法には，酸素が存在するところに好んで生息する微生物を利用して有機物を酸化分解する**好気性処理**(aerobic treatment)と，酸素のないところに生息する微生物を利用する**嫌気性処理**(anaerobic treatment)とがある．前者は比較的大量の汚水処理に適し，後者は発生するエネルギー量が低く，高濃度の汚水や汚泥の処理に適している．生活廃水の処理は好気性処理であり，発生した汚泥の処理は嫌気性処理である．

図 1.6 は，排水を浄化する**活性汚泥法**(activated sludge process)を示している．これは下水処理や工場排水処理などに広く用いられている．下水は，まず沈殿池で沈みやすい浮遊物が除去される．沈殿池を通った下水は，次に**生物反応槽(エアレーションタンク．aeration tank)**に送られる．ここで有機物を分解する微生物を含む活性汚泥と混合され，空気が送られてかくはんされる(**ばっ気**．aeration)．このとき種々の微生物によって下水中に含まれる汚濁物は分解される．エアレーションタンクから流出した混合液は，次の最終沈殿池に送られ，汚泥はフロック(塊)となり沈殿する．活性汚泥と上澄み液は分離され，上澄み液は塩素などで滅菌してから放流される．活性汚泥については微生物の増殖による余剰な汚泥を抜き，エアレーションタンクに返送される．また，エアレーションタンク内の汚泥と懸濁汚泥の混合液中の浮遊物質濃度を乾物とした重量濃度を MLSS(mixed liquor suspended solid)濃度という．

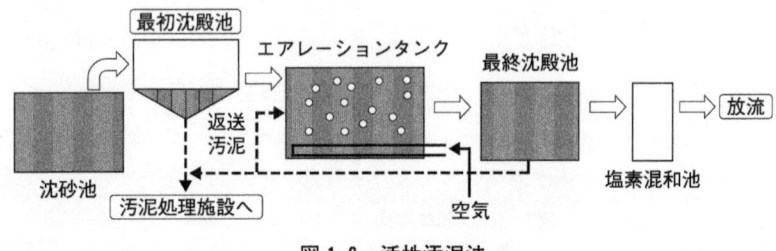

図 1.6　活性汚泥法

例題 1.2

活性汚泥法において返送汚泥率 25%，返送汚泥の汚泥濃度 10,000 g·m^{-3} のとき，エアレーションタンクの MLSS 濃度はいくらか．**物質収支**(mass balance)より考えよ．

解　図 1.7 に示すような，エアレーションタンクへの汚泥の物質収支を考える．

物質収支
装置や化学プラントを製作する化学工学でよく用いられる重要な概念．装置やプラントの各部位で物質ごとの流入量は，系への蓄積量と流出量の和に等しくなるはずであるという考え方．

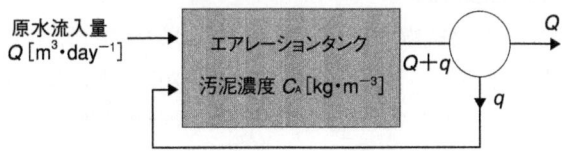

図1.7 エアレーションタンクにおける物質収支

$$C_A(Q + q) = C_R \times q \tag{1.4}$$

原水流入量に対する返送汚泥量の比は，以下のように表せる．

$$\frac{q}{Q} = r \tag{1.5}$$

これを汚泥返送比という．

さて式(1.4)，(1.5)より次式を得る．

$$C_A(1 + r) = C_R r \tag{1.6}$$

式(1.6)に $r = 0.25$, $C_R = 10000$ を代入すると

$$C_A = C_R \frac{r}{1+r} = 10000 \times \frac{0.25}{1+0.25} = 2000 \text{ g·m}^{-3}$$

よって，MLSS濃度は2000 g·m^{-3}である．

1.2.3 大気汚染対策技術

　大気中の物質によって，人間の健康や生活環境に被害が考えられるような状態を大気汚染という．大気汚染源となる物質は煤じん，硫黄酸化物，窒素酸化物，有害物質，粉じんなどがある．

　高度経済成長期の日本では，**化石燃料**（fossil fuel）の大量消費によって大気汚染が急速に拡大した．火力発電所や自動車などから排出された窒素酸化物，硫黄酸化物は，酸性雨やぜんそくなどの公害の原因となっていった．石炭や石油などの化石燃料には硫黄が含まれており，人為的大気汚染物質のおもな原因となっている．これらの対策として，煤煙発生施設ごとの排出規制，燃料中の硫黄分の除去，地域における工場ごとの総量規制など，さまざまな対策がなされた．各企業でも低硫黄原油の使用，重油の脱硫，排煙脱硫装置の設置などの対策を行った．

　しかし自動車に起因する大気汚染，騒音などについては規制措置などにもかかわらず，依然として深刻な状況にあり，すでに規制のあるディーゼルエンジン車についてはさらに厳しい規制も検討されている．今後は，より低価格の低公害車（燃料電池自動車，電気自動車，天然ガス自動車，およびハイブリッド自動車）の開発と普及が望まれる．

ハイブリッド
本来の意味は"雑種"で，それ単独ではなく，ほかのものと組み合わせてあるものをいう．自動車としては，ガソリンを燃焼させる内燃エンジンだけでなく，電気モーターの力も使って走るものを"ハイブリッド自動車"と呼んでいる．

1.2.4 廃棄物処理技術

ゴミの埋立て地（最終処分場）の建設は地域住民の合意が得にくく，不足しているのが現状である．そのため種々の法整備が行われ，社会全体として廃棄物の減量化に取り組みつつある．廃棄物は，一般廃棄物と産業廃棄物に大別される．

一般廃棄物は生活にともなう廃棄物であり，市町村の清掃事業のなかで処

ポリ乳酸の製造

生ゴミからつくられるプラスチックの例としてポリ乳酸がある．

ポリ乳酸は，ポリエチレンのようなこれまでの石油から製造されていた汎用プラスチックとは違い，土中に埋めておけば微生物により水と二酸化炭素に分解される．現在，北九州市のエコタウンに実験施設を完成させ，市内のレストランやホテルからでてくる生ゴミを集め，発酵，アルコール処理，蒸留分離などの加工を行って，プラスチックの原料となる乳酸を取りだしている．得られた乳酸を高分子化して，ポリ乳酸を生産する．

もう少しくわしく説明すると，以下のようになる．

糖を原料として乳酸発酵によって乳酸を生産した場合，水溶液中に10％程度の乳酸をつくることができる．この溶液のままでは乳酸を高分子化

$$\underset{\text{乳酸の構造式}}{CH_3CH-COOH}^{OH}$$

できないので，水やその他の不純物から乳酸を分離する必要がある．乳酸にはカルボキシ基があるので，低分子のアルコールなどと反応させエステルとする．さらに蒸留することで，乳酸エステルを水などの他の成分と分離する．この段階で水を完全に除去する必要はなく，少量含まれている水分は重合段階で除去する．乳酸エステルはアルカリにより加水分解して，アルコールと乳酸に分離する．分離したアルコールは再度未処理の溶液と反応する原料とする．以上のプロセスを図に示した．

乳酸の重合方法は，生成した乳酸（これは少量の水分を含む）をかくはんしつつ約180℃程度まで徐々に加熱し，大気圧下から0.02 atm程度まで減圧しながら10時間ほど脱水重合する．少量（1％程度）の三酸化アンチモンを加え，高減圧下でさらに高温（180～250℃）に加熱することでラクチド（乳酸の環状ジエステル）を得る．得られた粗ラクチドを酢酸エチルで再結晶し，真空乾燥することで精製する．ラウリルアルコール（0.01％）を加え，さらに触媒としてオクチル酸スズを0.003％程度加えて，140～220℃の温度に20時間程度保持することで，重量平均分子量が数万程度のポリ乳酸が得られる．

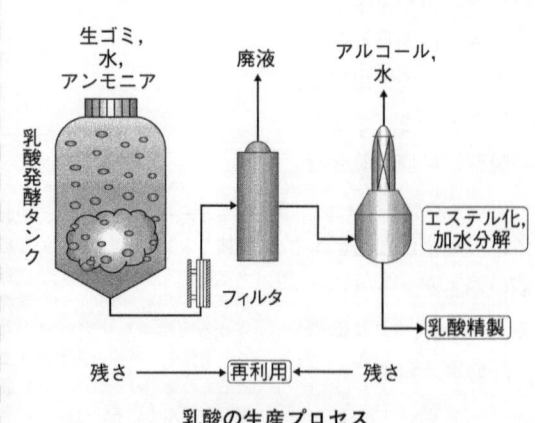

乳酸の生産プロセス

理される．焼却，減量，安定化の中間処理を行い，最終的に大部分は埋立て処分されているが，一部は回収，堆肥化，飼料化などによって再利用されている．ゴミを資源とするメタン発酵や，生ゴミから生分解性プラスチックをつくる研究も行われている．

　産業廃棄物は，事業活動にともなう廃棄物のうち，とくに指定された19種類のゴミである．種類や量が多いこと，また処理が困難なものがあり，処理・処分体系がまだ十分に整備されておらず，最終処分地の確保も困難な状況である．

　安価な石油からつくられるプラスチックは，その"軽い，丈夫，加工しやすい"という特徴から，私たちの生活を豊かなものにしてきた．一方で従来型の大量生産，大量廃棄型の社会構造においては，環境破壊やゴミ問題に抜本的な改善がなされないまま，そのつど個別に対処されている場合もあった．このような社会のあり方を考え直し，循環型社会構造を構築することが望まれる．

　現在，環境中で自然には分解しないプラスチックの使用が問題となっている．ポリプロピレンのように耐薬品性の大きなものについては，再利用する場合も増えている．プラスチックの場合，その素材や添加物の種類が多いことから，ゴミとして他の種類と混ざった場合の再利用が困難であった．このためガス化することで，一酸化炭素としてケミカルリサイクルを行う試みもなされている．

　また，有害化学物質汚染ならびにゴミ問題を解決する新しい材料として，自然環境下で微生物などにより分解される**生分解性高分子**(biodegradable polymer)が従来のプラスチックに代わる環境にやさしい素材として注目され，現在，数多くの研究，製品開発が行われている．一般に生分解性高分子は天然物由来系，微生物生産系，化学合成系に大別される．天然物由来系にはデンプン，セルロース，キトサンなどがあり，微生物生産系には，グルコースを原料として発酵法により得られるポリヒドロキシ酪酸とポリヒドロキシ吉草酸の共重合物などがある．化学合成系には脂肪族ポリエステル，ポリビニルアルコール，ポリアミノ酸など多くのものがあり，これらは大量生産が可能で，今後の製造技術の進歩によって，より安価に供給できる可能性がある．

産業廃棄物
産業廃棄物は次の19種類のゴミである．燃え殻，汚泥，廃油，廃酸，廃アルカリ，廃プラスチック，ゴムくず，金属くず，ガラスおよび陶磁器くず，鉱滓，瓦れき類，煤じん，紙くず，木くず，繊維くず，動植物性残さ，家畜糞尿，家畜の死体，動物系不要固形物．

ケミカルリサイクル
ケミカルリサイクルは，プラスチックから灯油やガスを製造するといった，物質の化学的な構造を一部変えて物をつくるというリサイクル法である．そのほかのリサイクル法にはスチール缶から鉄をつくるといったマテリアルリサイクルや，上記二つの方法でリサイクルできなかった物を燃やしてその熱を利用するサーマルリサイクルがある．

1.3　地球温暖化

1.3.1　温暖化のメカニズムとその影響

　地球環境問題のなかで最も対策が急がれているのが，**地球温暖化問題**(global warming problem)である．地球には，太陽から絶え間なくエネル

> ## 熱エネルギーの移動
>
> 　熱エネルギーの移動には伝導，対流，放射の三つのメカニズムが存在する．伝導は，固体や静止した流体内において温度の高いところから低いところに熱が伝わる現象である．マグカップに湯を注ぐとカップの外側も暖かくなるが，これは伝導によるものである．
>
> 　対流は，流体が流れることによって流体が持つ熱エネルギーが運ばれる現象である．エアコンから冷たい風や暖かい風が吹きだされ室温の調節などが行われるが，これは対流に相当する．
>
> 　放射は物体表面からの熱放射によるエネルギーの伝達であり，真空中でも熱エネルギーが運ばれる．真夏の海岸の砂浜は焼けるように熱くなっている．これは太陽からの放射によるもので，真冬の朝の放射冷却は地表にある物体から絶対零度の宇宙空間に向かって熱が逃げていく現象である．
>
> 　伝導について少し説明を加えよう．いま高温部と低温部を仕切る平板があり，熱が伝わる部分の面積を $A[m^2]$，高温側の平板表面の温度を T_H[K]，低温側の温度を T_L[K] とすると，この平板を伝わる単位時間当りの熱量 $q[J \cdot s^{-1}]$ は A と $T_H - T_L$ に比例し，平板の厚さ $L[m]$ に反比例する．
>
> $$q = \frac{k}{L} A (T_H - T_L)$$
>
> これは熱伝導に関するフーリエの法則と呼ばれ，比例定数 $k[J \cdot m^{-1} \cdot s^{-1} \cdot K^{-1}]$ は熱伝導率という物質固有の値である．この値が大きい物質ほど熱が伝わりやすい．たとえば熱を伝えやすい金属のアルミニウムは $200\,J \cdot m^{-1} \cdot s^{-1} \cdot K^{-1}$ 程度の値であるが，石英ガラスでは $1.4\,J \cdot m^{-1} \cdot s^{-1} \cdot K^{-1}$，断熱材として利用できるレンガでは $0.1\,J \cdot m^{-1} \cdot s^{-1} \cdot K^{-1}$ である．平板の両側の温度，平板の厚さと熱伝導率がわかると単位時間，単位面積当りにどれだけの熱エネルギーが移動するかを計算することができる．

ギーが降り注いでいる．そのおかげで，地球表面近くの温度は1年間を平均すると約 15 °C となり，生命が存在するのに適した温度になっている．地球よりも太陽に近い金星の平均温度は 470 °C，太陽から遠い火星では −45 °C といわれている．どのような温度で一定になるかは，**エネルギー収支**（energy balance）によって推算することができる．

　地球についてのエネルギー収支を考えてみよう．太陽から離れるにしたがい，太陽エネルギーの密度は低くなる．地球の軌道上の太陽放射は約 1360 $W \cdot m^{-2}$ であるが，地球の場合には反射によって地表に届くエネルギーは 70 ％になる．地球からでていくエネルギーとしては，宇宙に向けての**放射**（radiation）を考えればよい．放射は地球の表面全体から行われるので，面積としては表面積を考えればよい．また，放射エネルギーは絶対温度の4乗に比例するので，エネルギー収支式を立てると次のようになる．

$$\pi R^2 (0.7 I_0) = 4 \pi R^2 \sigma T^4 \tag{1.7}$$

ここで I_0 は太陽放射であるから $1360\,W \cdot m^{-2}$，σ はボルツマン定数と呼ばれ，その値は $5.67 \times 10^{-8}\,W \cdot m^{-2} \cdot K^{-4}$ である．この関係から温度 T は簡単

エネルギー収支
エネルギーが形態を変えながら流れている場合に，ある決められた領域に入るエネルギーは，でていくエネルギーと蓄積されるエネルギーの和に等しくなる．この関係をエネルギー収支と呼び，エネルギーにかかわる問題を解決する際の基本概念となる．

に求められ 254.5 K, つまり −18.7 ℃ である.

しかし,実際の地球の平均気温はこれよりも高い.この地球の平均気温を保っているのが**温室効果ガス**(green house effect gas)と呼ばれるものである.太陽のような高温物体からの光は短波長の紫外線や可視光線,波長の長い赤外線などを含んでいるが,このうち地表に吸収され,低温物体から放射されるのは赤外線のような長波長の光である.**二酸化炭素**(carbon dioxide) CO_2 や**メタン**(methane) CH_4 などの温室効果ガスは赤外線を吸収し熱を放射する.ただし熱が蓄積するわけではなく,入射したエネルギーはすべて宇宙に放射される.このように温室効果ガスの存在は,熱の移動にとって抵抗となるため地表の温度が高くなる.

地球上の CO_2 の大半は海洋に蓄えられており,海に溶解する量によって大気中の CO_2 増加量はある程度軽減される.しかし図1.8のように,年々大気中の CO_2 濃度は増加していることがわかる.これにともない,地上の平均気温の上昇が起こると考えられており,これが地球温暖化現象として問題になっている.

CO_2 濃度の上昇は人間の産業活動によるものと考えて間違いないだろう.20世紀には工場,発電所,自動車などで石油,石炭などの化石燃料を大量に燃料として使用し,大量の CO_2 を大気中に放出し続けた.日本においても CO_2 の排出量が増加している.1999年の日本の CO_2 排出量は12億2500万トン,1人当りの排出量は9.67トンとなっており,1990年と比べ,総量については9.0%の増加,1人当りの排出量は6.3%増加している.日本を含む先進国は日常生活や生産活動に多くのエネルギーを消費するため,発展途上国に比べて大量の CO_2 を排出していることになる.

一方,天然ガスとして広く使用されている CH_4 の温室効果は CO_2 の約40倍以上と考えられており,海中にメタンハイドレートとして蓄えられたものが海水温の上昇にともない大気中に放出されることが懸念されている.温室

CO_2 の海洋への吸収
二酸化炭素は炭素換算で毎年約66億トンが大気中へ放出されており,このうち27億トンが大気に蓄積され,残りの39億トンが海洋に吸収されていると考えられている.また海洋には約35兆トンもの炭素が溶存している.

メタンハイドレート
メタンハイドレートはメタンガス分子と水分子からなる氷状の固体物質であり,炎を近づけると自ら燃焼する不思議な物質である.その生成割合は温度,圧力条件に依存し,熱力学を用いて物理化学的に計算できる.永久凍土の下部や,深度500 m程度以深の深海地層中に莫大な量が存在し,それは国内の天然ガス消費量の約100年分に相当すると推算されている.

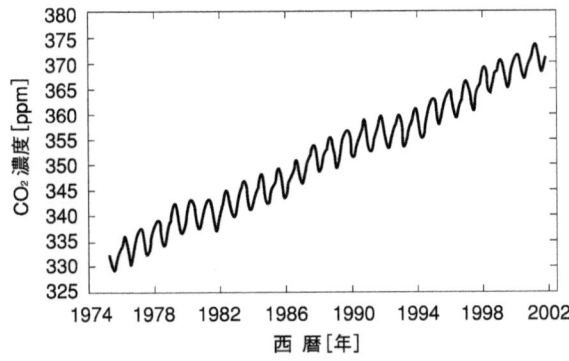

図 1.8　大気中の CO_2 濃度の変化

世界中の温室効果ガス濃度の観測結果は,温室効果ガス世界資料センターのホームページ (http://gaw.kishou.go.jp/wdcgg_j.html)で参照できる.

効果ガスの内訳はCO_2が64%，CH_4が19%，フロンおよび代替フロンが10%，亜酸化窒素が6%となっており，全体の80%以上をCO_2とCH_4が占めている．

近年，人間活動の活発な都市部で"島状"に気温の高い部分ができるヒートアイランド現象と呼ばれるものが国内外で確認されている．緑地や水面が極端に少なく，コンクリートやアスファルトで覆われた都市部は地表面が高温になり，気温が上昇する．気温が上がることで冷房などの需要が増し，その排熱が気温をより一層上昇させる．こうした悪循環がヒートアイランド現象をさらに深刻化させている．このヒートアイランド現象の影響は都市部にとどまらず，地球全体の温暖化を加速させている．

温暖化による気候の変化は，農業に大きな影響を与えるといわれている．異常気象による経済や社会の混乱が地球規模でもたらされるであろう．さらに海水面の上昇によって，多くの都市や島々が海に沈んでしまうといった影響も指摘されている．

1.3.2 地球温暖化対策技術

現在，地球の温暖化を抑制する方法として

① 化石燃料に代わる代替エネルギーの利用を促進する．
② ライフスタイルを変化させる．
③ エネルギー変換効率を向上させる．
④ 排出されたCO_2を回収し，海洋か陸地に固定化する．

などの方法が考えられている．

高濃度（10～20%）のCO_2を窒素ガスと分離する方法として吸収法，吸着法，蒸留法，膜分離法などがある．CO_2の分離法の一覧を表1.5に示す．そのほか **PSA**（pressure swing adsorption．**圧力変動吸着**）**法**や **TSA**（temperature swing adsorption．**温度変動吸着**）**法**などの原理や特徴は第2章で述べる．また，CO_2の固定については海洋への貯留法や，循環使用法など

CO_2の海洋への貯留法
海洋への貯留はCO_2を14 MPaに圧縮して液化させ，水深500m以深の深海へ送ることで行われる．水圧により，液体のままCO_2を固定することができる．また3000m以深の深海では，液体のままCO_2を保持できる．

表1.5 CO_2の分離法

分離法		原理
吸収法	物理吸着	メタノールなどを用いて物理的に吸収分離する
	化学吸着	アルカノールアミンなどを用いて化学的に吸収分離する
吸着法	PSA法	多孔質吸着剤を用いて圧力変動により吸・脱着分離する
	TSA法	多孔質吸着剤を用いて温度変動により吸・脱着分離する
蒸留法		低温で蒸留分離する
膜分離法	液膜	炭酸塩溶液中のCO_2の選択的輸送機構を用いて分離する
	高分子膜	ポリイミドや酢酸セルロース膜を用いて分離する

がある．また分離回収したCO_2を貯留するのではなく，資源として再利用する方法が考えられている．CO_2を**触媒**(catalyst)を使って水素などと反応させ，種々の有用化学品へ転換することができる．ただし有用化学品へ転換するためにはエネルギーが必要であり，そのために化石燃料を直接利用していたのでは，問題の解決にはならない．

1.4　破壊が進行するオゾン層

1.4.1　オゾン層とフロン

成層圏(stratosphere)の**オゾン層**(ozonosphere または ozone layer)は，太陽からの有害な**紫外線**(ultraviolet rays)をさえぎる役目を果たしているので，私たちが地上で安全に暮らすにはなくてはならないものである．もしオゾン層がなければ，生物にとって有害な紫外線を大量に浴びることになり，細胞に含まれる遺伝子(厳密にはDNA)が傷つけられる．その結果，人体や生物にさまざまな悪影響が現れることになる．

近年このオゾン層が，私たちが使用していたスプレーや冷蔵庫の冷媒に用いられていた**フロン**(flon)によって図1.9のように破壊されていることがわかり，大きな問題になっている．

フロンとは**フルオロカーボン**(fluorocarbon)を略したもので，フッ素を含むハロゲン化炭化水素の日本における総称である．また臭素とフッ素を含むハロゲン化炭化水素の国際的な総称はハロンである．フロンは**クロロフルオロカーボン**(chlorofluorocarbon，CFCs)，**ハイドロクロロフルオロカーボン**(hydrochlorofluorocarbon，HCFCs)，**ハイドロフルオロカーボン**(hydrofluorocarbon，HFCs)，およびハロンのすべてを含んだ広い名称で

オゾン層

太陽から降り注ぐ紫外線は，その強い作用により大気中の酸素O_2をオゾンO_3に変える．その結果，高度20〜40 km付近の成層圏にはオゾンの高密度領域が存在する．これをオゾン層と呼ぶ．オゾン層は波長200〜300 nm程度の太陽光紫外線をほぼ完全に吸収する性質を持つ．この性質により地表では，生物が活動するうえで影響のない程度の紫外線量に保たれている．

紫外線

太陽光のうち，可視光線より短波長(100〜400 nm)の光を紫外線と呼ぶ．なかでも波長280〜315 nmの紫外線B(UV-B)はオゾン層破壊の影響を最も強く受け，生物にとって有害であることから，一般に"有害紫外線"と呼ばれている．

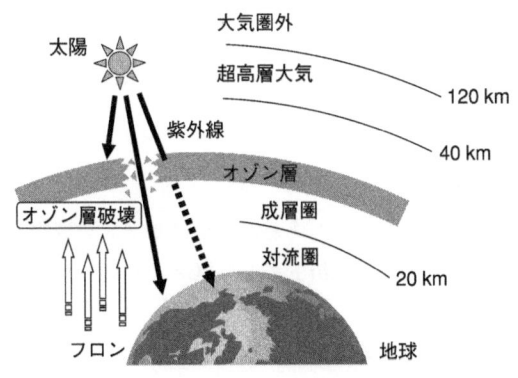

図1.9　オゾン層の破壊

表1.6　フロンの特徴[1]

- 無色透明，無臭の気体または液体
- 化学的に不活性で，熱的に安定
- 金属に対する腐食性がほとんどない
- プラスチック，ゴムに対する影響がない
- 不燃性で，引火爆発の危険性がない
- 毒性がきわめて低い
- 粘性，表面張力が小さい
- 電気絶縁性が良好
- 熱伝導率が低く，断熱性に優れる
- 選択的溶解性を示し，油をよく溶かす
- 水に溶けにくい
- 蒸発熱が小さく，蒸気圧が高い
- 揮発性がきわめて大きく，気化しやすい
- 加圧によって液化しやすい

ある．フロンは表1.6に示すような優れた特徴を持つために，幅広い分野において利用されてきた．代表的な利用例としては冷媒，発泡剤，洗浄剤，噴射剤および消火剤などである．

1.4.2 オゾン層破壊のメカニズム

現代社会において重要な役割を果たし，必要不可欠な物質とされてきたフロンだが1974年，アメリカ・カリフォルニア大学のRowlandとMolinaによって，大気中のCFCsの挙動や濃度測定の結果から，成層圏分解による活性塩素の生成を示唆する論文が発表された．CFCsは人工的につくられた物質であり，その化学的安定性のため対流圏では分解されず，成層圏にまで上昇する．ここで強い紫外線により分解されて活性塩素を生じ，連鎖的にオゾン層を破壊していくのである．CFCsから生じる塩素はオゾンに比べると著しく低濃度であるが，その触媒的挙動によって影響が増大する．1個の塩素原子の寄与がなくなるまでに，$10^3 \sim 10^4$個におよぶオゾンが破壊されると推測されている．

またCFCsはオゾン層の破壊だけでなく，地球温暖化にもCO_2とCH_4に次ぐ10%の寄与があると推定されている．種々の物質のオゾン層破壊係数（ODP），地球温暖化係数（GWP），大気寿命を表1.7に示す．

気象庁によるオゾン層観測の結果が，たとえば「オゾン層観測報告：2002」(http://www.data.kishou.go.jp/obs-env/ozonehp/o3report2002.html)などとして公開されている．

表1.7　いろいろな物質のオゾン層破壊係数と温暖化係数，大気寿命[2]

物　質	化学式	オゾン層破壊係数	地球温暖化係数	大気寿命[年]
CFC-11	CCl_3F	1.0（基準）	4000	50
CFC-12	CCl_2F_2	1.0	8500	102
CFC-113	CCl_2FCClF_2	0.8	5000	85
HCFC-141b	CH_3CClF_2	0.11	630	9.4
HCFC-22	$CHClF_2$	0.055	1700	13.3
HCFC-225ca	$CF_3CF_2CHCl_2$	0.025	170	2.5
HFC-125	CHF_2CF_3	0	3200	36
HFC-143a	CH_3CF_3	0	4400	55
二酸化炭素	CO_2	0	1.0（基準）	50〜200

1.4.3 フロン問題の解決法

フロン問題には二つの解決すべきことがある．一つはオゾン層破壊や温暖化効果のおそれが少なく，性能的にも経済的にもCFCsより優れた新規代替物質の開発であり，もう一つはすでにつくられたCFCsや規制されたフロンの回収と無害化システムの確立である．

日本では1990年度より，新エネルギー・産業技術総合開発機構（NEDO）

が，地球環境産業技術研究機構(RITE)および物質工学工業技術研究所(NIMC)とともに5年計画の共同研究プロジェクト(新世代冷媒プロジェクト)をスタートさせ，さらに1994年から8年間の国家プロジェクトとして，「エネルギー使用合理化新規冷媒等研究開発」に着手している．CFCs, HCFCsおよびHFCsの代替候補物質としては，CFCsと同様の物性を得る目的で，含フッ素エーテルが選択されている．

冷媒に関しては，非ハロゲン化物による新規代替物質の研究がアメリカやヨーロッパで行われている．これらは地球上に天然に存在する物質を用いることから自然冷媒とも呼ばれ，水，空気，CO_2，炭化水素，アンモニアがその対象となっている．理論効率の低いものや腐食性の高いものを除くと，CO_2と炭化水素が有力な候補物質である．優れた特性を持つ炭化水素はヨーロッパではすでに一部の冷蔵庫で使われているが，可燃性物質であることが最大の欠点である．これに対し，最近はCO_2が注目されている．ただし従来の圧縮機ではCO_2が超臨界流体となるため，必要な圧力で運転できないことが難点となっている．

含フッ素エーテル

含フッ素エーテルは環境への負荷が低く，不燃性，低毒性でCFCsと同様の物性を備えている．冷媒，発泡剤および洗浄剤としてのCFCs, HCFCsおよびHFCsの代替物質として高い能力を持っていることがわかっている．

1.5 酸性雨

1.5.1 酸性雨の現状

酸性雨も，地球規模での環境問題の一つである．日本国内においても酸性雨は観測されているが，その被害についてはヨーロッパや北米のほうが深刻である．さらに最近では，石炭消費の多い中国や東南アジアでの発生も増加している．酸性雨は図1.10で示すように植物，水生生物へ大きな影響を与えている．また土壌へのダメージや森林の樹木の立ち枯れ，人工建造物の損

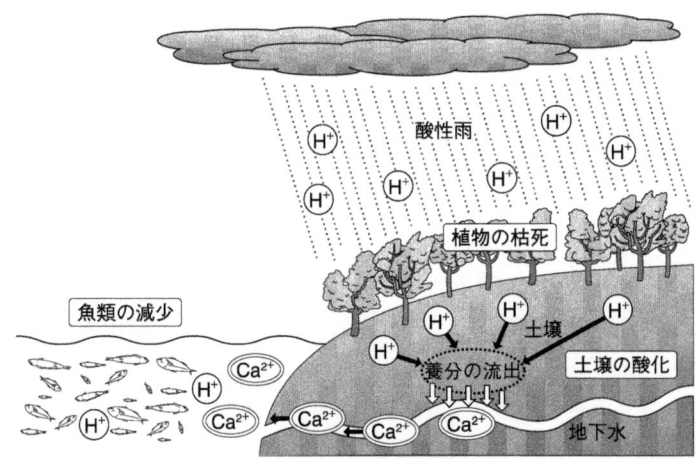

図 1.10 酸性雨の影響

傷など多くの問題が起きている．

1.5.2 酸性雨発生のメカニズム

純粋な水は中性で，その pH はおよそ 7 である．しかし大気中では CO_2 が水に少量溶けるため，身のまわりの水は弱酸性を示すことが多い．したがって大気汚染がない場合でも雨水の pH は 7 よりも小さく，pH が 5.6 以下の場合を酸性雨と考えるのが一般的である．酸性雨は，炭酸よりも強酸である硫酸や硝酸を含んでいる．硫酸は，もともと硫黄や硫黄化合物を含んでいる石炭や石油などの化石燃料を燃焼させるときに発生する．化石燃料を燃やすと硫黄は酸素と結合して硫黄酸化物 SO_x と呼ばれる物質になる．また空気中の窒素も，高温で酸化されて窒素酸化物 NO_x となる．排ガスに含まれるこれらの酸化物が除去されずに大気中へ放出され，雨や雪に溶けて再び地上に戻ってくるものが酸性雨である．人為的発生源以外にも，火山の噴煙などの自然発生源は昔からあるが，工業化にともなって人為的発生源によるものが大きな影響を与えるようになってきた．

1.5.3 酸性雨の防止法

大気中に放出された硫黄酸化物や窒素酸化物を回収することは困難である．したがって大気中に放出されるこれらの量を削減することを考えなければならない．これはつまり，装置の効率を高めるなどの技術によって燃料を減らすことである．しかし，これには限界がある．そこで，これら酸化物の濃度が高い，大気に放出される前の排煙から，これらを取り除くことが行われている．工場や発電所などで行われている硫黄酸化物や窒素酸化物の除去を脱硫，脱硝という．脱硫技術は，日本では 1960 年代から開発が進められ実用化された．

工場などの固定発生源ではこのような対策が可能である．移動発生源，つまりガソリンや軽油を燃料として走る自動車の排ガスから硫黄化合物を取り除くためには，燃料に含まれる硫黄化合物を減らすことが行われている．つまり，石油を精製する段階で硫黄成分が除去されているのである．

自動車を走らせると排ガスがでる．この排ガスには燃焼によって発生する窒素酸化物 NO_x だけでなく，完全に燃焼しきれない炭化水素 C_nH_m や一酸化炭素 CO などの有害物質も含まれる．このため現在のガソリン自動車には触媒反応器が搭載されており，これによって有害な物質が排出されないようにしている．

さらに対策を徹底するとすれば，化石燃料を使用しないことがあげられる．水素を燃料とする燃料電池自動車はそのための一つの方法である．具体的な対策技術については第 2 章で説明する．

---

pH

溶液の酸性およびアルカリ性の程度は，その溶液中の水素イオン H^+ と水酸化物イオン OH^- の量により決定する．水素イオン濃度 $[H^+]$ が高いほど酸性を示し，水酸化物イオン濃度 $[OH^-]$ が高いほどアルカリ性を示す．pH は次式

$$pH = \log_{10}\frac{1}{[H^+]}$$

で求めることができる．

1.5.4 地球環境問題としての酸性雨

酸性雨のおもな原因が化石燃料を燃やすことによって発生する硫黄酸化物 SO_x や窒素酸化物 NO_x であることを述べた．このとき，温室効果ガスである CO_2 も大量に発生する．私たちが現在のような快適な生活を維持するためには，まだまだ化石燃料を中心としたエネルギー源に頼らなければならない．したがって世界規模で考えると，しばらくは化石燃料の消費量は増大し，それだけ酸性雨の原因物質である SO_x や NO_x の発生も増大して，ますます深刻な問題になっていくことは間違いないだろう．ただ CO_2 の発生と異なるのは，SO_x や NO_x については大気中へ排出される量を技術的に減らすことが可能という点である．しかし，そのための装置は高価であり，このような対策をいまだに行っていない国も多い．開発途上国においては，いますぐすべての発生源に脱硫装置や脱硝装置を設置することは難しいが，酸性雨の問題に国境はないし，場所によっては深刻な影響もでている．性能面では日本国内で利用されている技術に及ばないにしても，その国や地域に受け入れられる技術の開発が今後重要である．そのためにも，物理化学の知識は必要なのである．

1.6 資源，エネルギーと環境

誰もいない部屋の電灯を消さずにいて"環境に良くない"などと注意されたことはないだろうか．"なぜ電気の無駄遣いが環境問題なのか"と思う人もあるかもしれない．実は私たちが使用している電気の多くは，火力発電でまかなわれている．火力発電では石油，石炭などの化石燃料を燃やし CO_2 を大量に大気中に排出している．これまで先進国では，豊かな生活のために電気や石油などのエネルギー資源を使用してきた．化石燃料などの資源を利用し，電気などのエネルギーを得るためには環境中に多くのものを排出する．資源とエネルギーの問題は環境問題に密接にかかわっているのである．

有史以来，地球の人口はゆるやかに増加してきた．しかし，図 1.11 に示すように産業革命のころから人口は爆発的に増加し，それにともなって経済活動，食料生産，エネルギー消費も拡大し続けている．120 年前の世界人口は 15 億人と推定されているが，2050 年には 100 億人を超えるという予測もある．

人口の増加にともない，世界のエネルギー消費量も増加しており，石油，石炭，天然ガスなどの化石燃料への依存度は高い．石油の可採年数は 40 年程度とよくいわれるが，新しく発見される油田や回収技術の進歩によって長くなる．一方で，消費量が増えると可採年数は短くなる．いずれにしても究極的な可採年数は 100 年以下といわれている．石油が大規模に消費されはじ

火力発電
ボイラーで燃料（重油および原油，石炭または天然ガス）を燃やし，水から高温・高圧の蒸気をつくる．この蒸気でタービンの羽根車を回転させ，タービンと直結した発電機を回して発電する．

可採年数
その時点で経済的，技術的に回収可能な可採埋蔵量を，その時点の年間生産量で割ったもの．

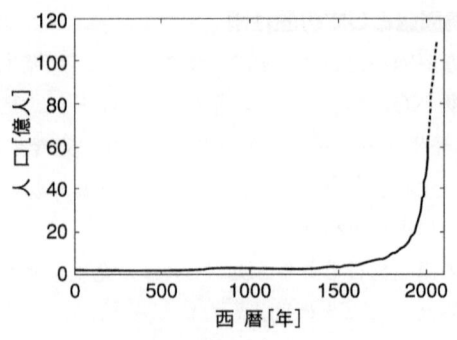

図 1.11 世界人口の推移

めたのは，ほんの数十年前からであり，数億年の単位で蓄積されてきた地球の遺産を，私たち人類はわずか 100 年で食いつぶしてしまうのかもしれない．

1.6.1 ゼロエミッション

人類が長い将来にわたって持続できる社会をつくるために，私たちはエネルギーの消費量を削減し，化石燃料に代わるエネルギー源を開発して，それを生かすエネルギーシステムを構築していかなければならない．これらの観点から新エネルギーが注目されている．それらは太陽光発電，太陽熱利用，風力発電，バイオマスの利用などであり，**再生可能**（renewable）であることが特徴で枯渇の心配がない．また，地球温暖化の原因となる CO_2 を大気中に排出しない．バイオマスの燃焼によって発生する CO_2 は，植物や植物プランクトンによって再びバイオマスとして固定される限り，大気中の CO_2 濃度に影響を与えないのである．

> この性質はカーボンニュートラルと呼ばれる．

現在，多くの物質が石油からつくられている．したがって化石燃料はエネルギーとしてのみでなく，貴重な炭素資源としてとらえる必要がある．この炭素資源も含め，金属資源などすべての資源に限りがある．これまでは資源を使うだけ使い，利用できない部分は環境中に廃棄していた．資源が有限であること，また廃棄された物質が環境問題を引き起こすおそれがあることから，持続可能な未来を築くために，資源をどのように利用するのかが重要な問題になる．もちろん資源を活用せず，大昔の生活をするということは受け入れられないであろう．ここでは解決策として，一つの考え方を紹介しよう．

これまでは工場の出口において，副生してくる有害物質の処理をする技術が重要であった．しかし，そもそもは不要なものをつくらない技術が必要である．さらに，どうしても生じてくる不要なものは，分離や反応といった物理化学を基礎とする方法によって，別のプロセスや産業での原料に変換すべきである．こうしてプロセス間，産業間のネットワークを構築し，さらには地域間へとネットワークを広げていくことによって**排出物**（emission）を限

りなくゼロに近づけることができれば，限られた資源を有効に利用し，さらに環境への影響を最小限に抑えることが可能になる．

このようなゼロエミッションの考え方は1994年，国連大学のPauli学長顧問によって提唱されたものであり，現在，多くの企業や地域で推進されている．

1.6.2 ヒートポンプ

効率良くエネルギーを利用する技術は重要である．ここでは，そのなかで物理化学を応用して開発された技術を紹介する．

水は高いところから低いところに流れる．井戸水のように低いところにある水を汲み上げるためにはポンプを使えばよい．熱も自然の摂理にしたがえば，温度の高い物体から低い物体へと移動する．同様に熱を低温の物体から高温の物体へと汲み上げるにもポンプを利用する必要がある．ただし，その形は水を汲み上げるポンプとは異なる．熱を汲み上げるポンプはヒートポンプと呼ばれ，私たちの日常生活では電気冷蔵庫やエアコンに応用され，周囲の温度よりも低い温度や高い温度をつくりだすことができる．

エアコンの冷房を例に，図1.12のようなヒートポンプの原理を考えてみよう．室外機の圧縮機で冷媒ガスを圧縮し，高温・高圧のガスにする．このガスは外気に熱を放出し，高圧液になる．そして，膨張弁で減圧・減温される．液化された冷媒は室内機に運ばれ，室内の空気から熱を吸収してガス化する．これが繰り返されることによって，部屋の冷房がなされる．暖房の場合は冷媒ガスの流れを逆にし，室外機によって室外の熱を室内に汲み上げることで暖房する．

暑い夏の日に部屋を冷房する場合，通常，外から熱が侵入してくる．そのためエアコンのスイッチを切ると，室温は徐々に上昇する．したがって，常に室内の熱を汲み上げて温度の高い外気に熱を捨てなければ，室内を一定温度に保つことはできない．このとき，熱を汲み上げるための圧縮機を動かすため電気エネルギーまたはガスを利用する．電気冷蔵庫も同じことを行っている．一方，冬に部屋を暖房するときには，低い温度の外気から熱を汲み上げ，熱を室内に持ち込んでいるのである．同じ暖房をする場合，ヒートポンプを利用したエアコンの使用電力は電気ストーブの使用電力よりも小さい．

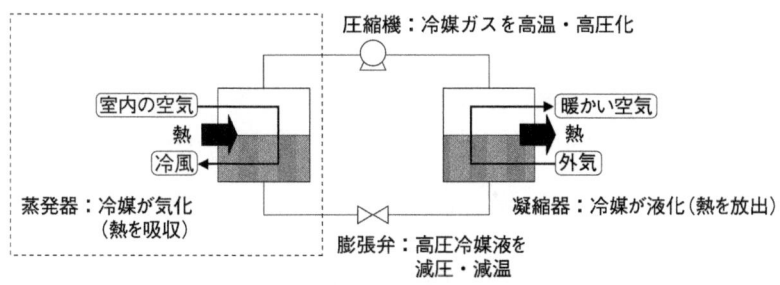

図1.12 ヒートポンプ

最近のエアコンのカタログをみると COP(coefficient of performance. エネルギー消費効率)の数値がどれだけ大きいかということが宣伝されている．最新のエアコンでは，この数値が 5 を超えているものもある．COP というのは，使った電気の何倍の能力を発揮するかという値である．

例題 1.3

1000 W のヒータのついた電気ストーブと同じ暖房を，COP が 5 のエアコンによって行う場合，エアコンの消費電力はいくらになるか．ただし電気ストーブの場合，電気エネルギーがすべて熱に変換されるとする．

解 以下の式が成り立つ．

$$\frac{1000}{5} = 200 \text{ W}$$

つまり，200 W の電力で運転を行った場合に，同じ熱量を発生することになる．

1.6.3 燃料電池

水の電気分解によって水素と酸素を発生させる実験を行ったことがあるかもしれない．水素 H_2 と酸素 O_2 を使ってこの現象を逆に行えば電気エネルギーが得られ，生成物としては水 H_2O のみができる．この反応は次のように表すことができる．

$$H_2 + \frac{1}{2} O_2 \longrightarrow H_2O \tag{1.8}$$

第 5 章で自由エネルギーについて学ぶが，この反応で得られる自由エネルギーから電気エネルギーを取り出すことが可能なのである．

燃料電池は "水の電気分解の逆" といっても，実際はどのような構成になるのだろうか．図 1.13 に，リン酸型燃料電池による発電の原理を簡単に示す．水素分子 H_2 は負極で電子 e^- を放出して水素イオン H^+ となる．この反応は式(1.9)のように表される．

$$H_2 \longrightarrow 2H^+ + 2e^- \tag{1.9}$$

電子は外部回路にでていく．電解質中を移動した水素イオン H^+ は，正極において酸素 O_2 と外部回路から戻ってきた電子 e^- と反応して水 H_2O になる．

$$\frac{1}{2} O_2 + 2H^+ + 2e^- \longrightarrow H_2O \tag{1.10}$$

外部回路への電子の流れが，電流として電球に灯りをともすためのエネルギ

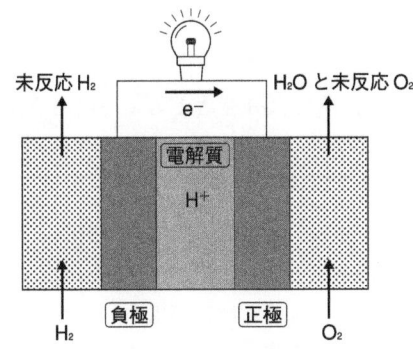

図 1.13　リン酸型燃料電池

ーとなる．理論的には，水素と酸素が持つエネルギーの約 80% を電気エネルギーに変換できる．水素と酸素を燃やすことによって熱を発生させ，有効なエネルギーを取りだそうとしても，低温においてこのような高い効率は達成できない．

式(1.9)に示されるように，水素 1 分子が反応することによって 2 個の電子が電極からでていく．燃料電池から得られる電気量は，式で表すと次のようになる．

$$Q = zFm \tag{1.11}$$

ここで Q は得られる電気量[C]（電流 × 時間），z は反応に関与するイオンの価数変化[-]である．F はファラデー定数と呼ばれるもので，電子 1 mol の電気量に相当し，その値は 96,500 C·mol^{-1} である．また m は消費されたイオンの数[mol]である．

水素を燃やす燃料電池においては，理論的には最大 1.23 V の電圧が発生する．

> **発電効率**
> 現実的には，電気として取りだせるのは 40% 程度であるが，発電の際に生じる熱など，利用できる部分も多く，総合効率で 80% くらいになるといわれている．

例題 1.4

水素 1 mol を燃料電池で燃やした場合に得られる，理論的な電力を求めよ．また水素 1 mol の燃焼熱を 286 kJ として，発電効率を求めよ．

解　水素分子 1 mol から水素イオンは 2 mol 生成する．式(1.11)に値を代入すると，電気量 Q は次のようになる．

$$Q = 1 \times 96500 \times 2 = 193000 \text{ A·s} = 193000 \text{ C}$$

ところで電気エネルギーは 電圧 × 電気量 で表されるので，いま 1.23 V が発生したとすると電気エネルギーとして 237,000 J が得られる．発電効率を求めると

$$\frac{237000}{286000} = 0.829$$

つまり約83%となる．実際は分極によって，出力電圧は1.23Vよりも低くなる．

燃料電池

大型の燃料電池は発電施設として，また中規模の燃料電池は地域コミュニティやオフィスビルなどに，小規模なものは家庭などに備えつけられて電気と熱を供給できる．さらに小型のものは，自動車や船舶などの駆動源に使用される．電気と同時に熱も利用できるので総合効率が高くなり，さらに発電の際には水しか排出されず，振動も騒音もない．

実際の燃料電池では，正極板と負極板で電解質溶液を挟んだ構造を多段に積み重ね，高い電圧を得るようにしている．電極間に入れる電解質としてはリン酸水溶液，溶融炭酸塩，固体電解質が用いられている．酸素は空気中のものが用いられるが，水素を燃料とする場合にはあらかじめ反応によって水素を生成させておく必要がある．天然ガスを原料とする場合には，天然ガスを水蒸気と反応させて水素を生成させておく．図1.14には，燃料電池に必要なプロセスを示す．天然ガスを原料とする場合には脱硫，改質，CO変成とそれぞれ触媒反応装置が必要となる．

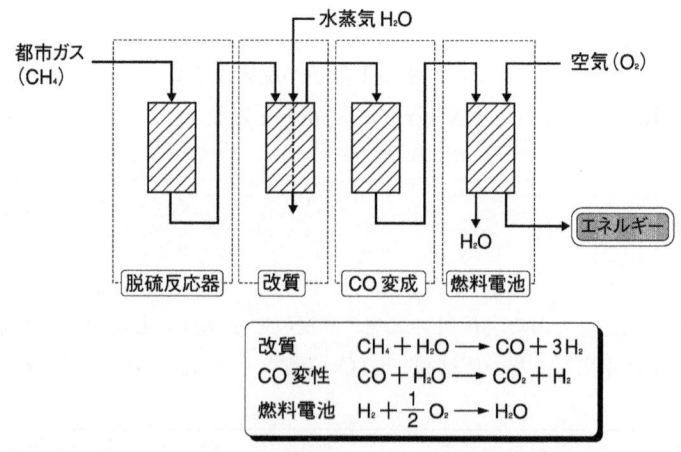

図1.14 燃料電池のプロセス

1.6.4 エネルギーの保存

エネルギーは保存され，消えることはない．ただし，エネルギーは形態を変えるたびに仕事をする能力が低下していく．このような性質は第5章で，熱力学第一法則および熱力学第二法則として学ぶ．熱はエネルギーの一つの形態である．エネルギーは形態を変えるだけなので，電気エネルギーも仕事も熱も，同じ単位で表される．

エネルギーと仕事，熱の単位
$1\,\mathrm{W \cdot s} = 1\,\mathrm{J}$ である．

1.6.5 エネルギーの質と量

熱と温度の違いについては第5章で学ぶ．熱エネルギーをすべて電気エネルギーに変換することはできないことも学ぶ．このときどれだけの熱エネル

ギーを他のエネルギーに変換できるかは理論的に最大効率が決まっており，環境温度（すなわち周囲の温度）よりもできるだけ温度が高い熱源ほど効率は高くなる．

このことを，エネルギーの質と量といった観点から考察してみよう．いま 95 ℃ の湯が 100 kg と，35 ℃ の湯が 700 kg あったとしよう．環境温度を 25 ℃ とすると，湯のエネルギーの量はどちらも等しいことになる．しかし，95 ℃ の湯と 35 ℃ の湯ではその利用価値がまったく違う．環境温度との差を利用して取りだせる仕事は，温度の高いもののほうが大きい．95 ℃ の湯であれば，水で希釈することにより 95 ℃ から 25 ℃ に近い温度の湯までつくりだせる．一方，35 ℃ の湯がいくらたくさんあってもコーヒーをいれることもできないし，風呂の湯としても利用できない．

もともと電気エネルギーというのは非常に質が高いエネルギーである．電気炉を使えば 1000 ℃ に加熱することもできる一方で，100 ℃ の湯を沸かすこともできる．そういった意味では，電気を使って部屋の暖房をし，室温を 30 ℃ に保つなどというのはもったいないことである．30 ℃ の熱であれば，排熱のようなものからも取りだせるのである．

例題 1.5

50 W の電球を 1 時間，その定格通りに使用するとき，どれほどの熱が放出されるか．

解 電気エネルギーの一部は光となるが，これも最終的には熱となる．蓄積がなければ，すなわち電球の温度が変化しないとすれば求める熱量は

$$50 \times (1 \times 60 \times 60) = 180000 \text{ J} = 180 \text{ kJ}$$

となる．

例題 1.6

1 kg 当り 8000 kJ のエネルギーを持つ都市ゴミを 1 日当り 200 トン焼却し，そこから得られる熱エネルギーを利用して，発電を行うとともに温水をつくった．発電では 1000 kW の電力が得られ，水を温めて温水をつくったところ 6000 kJ·s^{-1} の加熱ができた．これら利用できたエネルギーは，はじめに都市ゴミが持っていたエネルギーの何 % に相当するか．

解 エネルギー収支は次のようになる．

　（都市ゴミの持つエネルギー）
　　　＝（電力）＋（温水のために利用されたエネルギー）
　　　　　＋（利用されなかったエネルギー）

ここで利用されなかったエネルギーは，最終的には大気などの環境を暖めることになる．

さて，都市ゴミの持つエネルギーは

$$\frac{200000 \times 8000}{24 \times 3600} = 18500 \text{ kJ·s}^{-1}$$

利用されたエネルギーは

$$1000 + 6000 = 7000 \text{ kJ·s}^{-1}$$

である．したがって

$$\frac{7000}{18500} = 0.378$$

つまり，約38％に相当することになる．

この章のまとめ

環境汚染，地球温暖化，オゾン層の破壊，酸性雨，資源・エネルギー問題など解決を急がれる地球環境問題とその対策技術について解説した．酸性雨対策のように特定の技術でかなりの改善が望めるものもあるが，環境に負荷を与えず，社会全体が持続可能な成長をとげるために，さらに多くの技術の開発が望まれている．環境汚染に対しては，従来は製造過程から汚染物質をださない対策技術が検討されていたが，現在は製造原料，製造過程，製造品，その製造品が廃棄された場合のゴミからも汚染物質をださず，なおかつ他の環境問題にも配慮した製造方法が望まれており，そのような環境にやさしい化学技術 "グリーンケミストリー" の開発が世界中で検討されている．

環境問題の解決には実際に経済活動を行い，物を生産している企業の活動が重要となる．しかし，企業の活動は経済性を無視しては行えない．つまり

グリーンケミストリー
グリーンケミストリーとは環境にやさしい物質を設計し，合成し，応用するときに有害物質をなるべく使わない，ださない化学を意味する．くわしくは P. T. Anastas, J. C. Warner 著，『グリーンケミストリー』（日本化学会，化学技術戦略推進機構訳編，渡辺正，北島昌夫訳），丸善(1999)を参照せよ．

コージェネレーションシステムとは

最近，エネルギーの有効利用の観点から**コージェネレーションシステム**(cogeneration system. 熱電供給システム)が注目されている．コージェネレーションシステムとは，一つの熱源から複数のエネルギーを効率的に取りだす環境適応型のエネルギーシステムである．図にガスタービン発電によるコージェネレーションシステムの例を示す．

この例では燃料を燃焼させ熱源を生成し，ガスタービンで発電(タービン入口温度は約1300℃)を行う．さらにガスタービンからの排ガス(約150℃)を用いて温水ヒータや冷凍機を稼動させる．コージェネレーションシステムは病院やホテルなどで導入され，熱利用率は80％を超える．

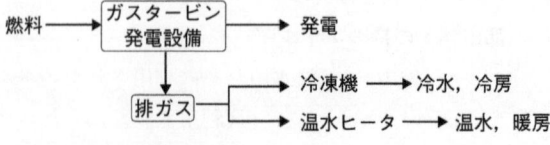

ガスタービン発電によるコージェネレーションシステム

企業が利益をあげながらできる，環境にやさしい活動が必要となる．そのためには政府の政策，法整備，国際協力なども重要となる．地球温暖化に対しては，京都議定書のような国際的な枠組みづくりも必要であるが，個々の企業が積極的にCO_2の排出量を削減するための経済的な動機づけも必要である．国際間でのCO_2の排出総量取引などの方法は，この経済性にかなった提案であり，新規ビジネスとして，企業にとっても魅力的なものとなっている．

エネルギーを化石燃料に依存する限りは，エネルギーの問題は環境問題と深くかかわり合う．さらに化石燃料については，それらが有限であることを忘れてはならない．もし，人類が必要とするエネルギーのすべてを再生可能なエネルギーでまかなうことができるならば，エネルギーの問題だけでなく，多くの地球環境問題も解決するであろう．とはいっても再生可能なエネルギーシステムへの移行はめどがたっておらず，技術開発にまだまだ時間がかかる．そのような意味においても，ここで紹介したようなエネルギーを有効に利用する技術は重要である．

排出総量取引

排出総量取引とは，削減目標を達成できそうにない国が，目標以上に削減を達成できた他国から，排出する権利を買い取ることができる制度である．1997年12月に採択された京都議定書に盛り込まれた．

章末問題

1. 直径D_pが0.1 mmのガラス粒子が20 ℃の水中で沈降する場合の終末速度を求めよ．ただしガラスの密度は2600 kg·m^{-3}，水の粘度μは1.0×10^{-3} Pa·s，20 ℃の水の密度を998.2 kg·m^{-3}とする．また，この場合の抵抗係数Cは速度をuとして$24\mu/(\rho u D_p)$で表されるとする．

2. 原油の究極埋蔵量2兆バーレルは，琵琶湖の水量275億 m^{3}の何杯分に相当するか．ただし1バーレルを159 Lとする．また地球の大きさと琵琶湖の広さを比べて，この結果から何がいえるか．

3. 東京と福岡は約1140 kmの高速道路によって結ばれている．この区間をガソリン1 kg当り15 km走ることのできる乗用車で走行した場合，排出される二酸化炭素の質量および標準状態(0 ℃，1 atm)における体積はいくらか．ただしガソリンの成分はすべてオクタンC_8H_{18}と仮定し，オクタンと二酸化炭素の分子量をそれぞれ114.23，44.0とする．

4. 日本には年間400万トンの原油が輸入されている．そのなかに含まれる硫黄の割合を平均1.3％とすると，これがすべて二酸化硫黄として排出されたときの，その年間排出量はいくらになるか．ただし硫黄と二酸化硫黄の分子量をそれぞれ32.07，62.07とする．

5. 地球に存在する海水の温度を1 ℃だけ上昇させるためには，世界の石油消費量の何年分が必要だろうか．ただし海水の量を13兆トンの10万倍，石油の年間消費量を200億バーレル，石油の熱量を3.8×10^7 kJ·m^{-3}，海水の熱容量を4.18 kJ·kg^{-1}·K^{-1}とする．

6. 燃料電池自動車が地球環境保全に役立つのかを検討せよ．たとえば天然ガスから水素を製造して走行する燃料電池自動車と，天然ガスをそのまま燃料とする天然ガス自動車とを比較した以下の表を埋めよ．ただし，車の製造にかかわるエネルギー消費は等しいとする．

	ガス田から自動車のタンクまでの効率[%]	自動車の走行時の効率[%]	総合効率は？[%]
燃料電池自動車	59	30	
天然ガス自動車	84	15	

温度，圧力，エネルギー，粘度の単位換算

絶対温度 $T[\mathrm{K}]$，摂氏温度 $t[°\mathrm{C}]$，華氏温度 $t'[°\mathrm{F}]$ は次のように換算する．

$T[\mathrm{K}] = t[°\mathrm{C}] + 273.15$

$t[°\mathrm{C}] = (t'[°\mathrm{F}] - 32) \times 100/180$

圧力，エネルギー，粘度についても，下記のように単位換算する．

$1\,\mathrm{atm} = 760\,\mathrm{mmHg} = 1.01325\,\mathrm{bar}\,(= 10^6\,\mathrm{dyn\cdot cm^{-2}}) = 0.101325\,\mathrm{MPa}$
$= 10.33\,\mathrm{mAq} = 14.70\,\mathrm{lb\cdot in^{-2}}\,(= \mathrm{psi})$

$1\,\mathrm{cal} = 4.184\,\mathrm{J} = 0.001163\,\mathrm{Whr} = 3.087\,\mathrm{lb\cdot ft}$

$1\,\mathrm{centipoise} = 0.001\,\mathrm{kg\cdot m^{-1} s^{-1}} = 0.001\,\mathrm{Pa\cdot s}$

2章 環境を守る技術

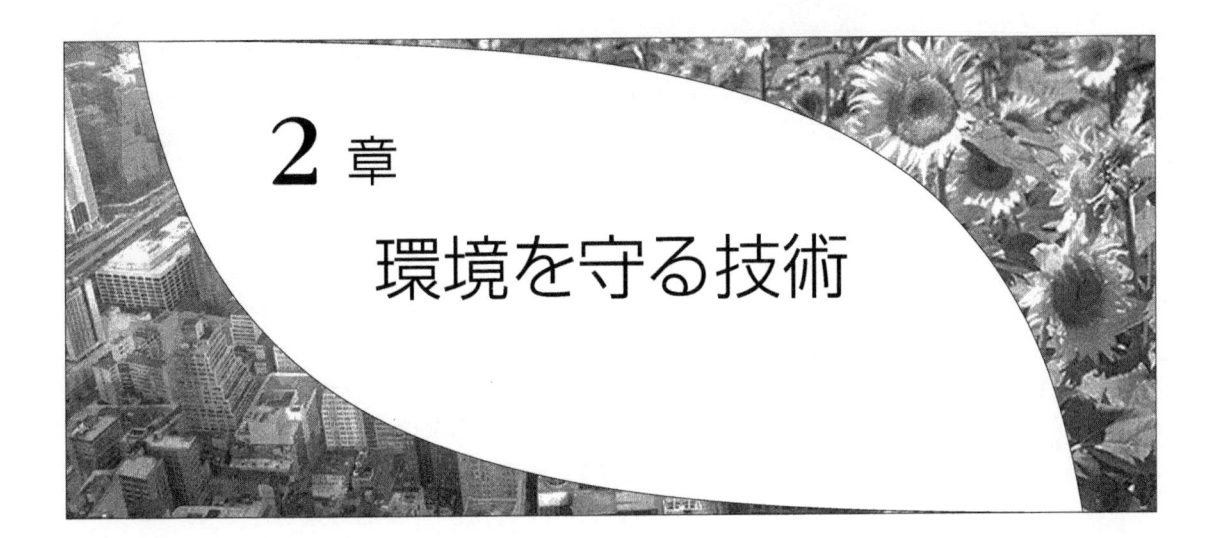

前章では，身近な環境問題と対策技術を中心に紹介した．ところで，どのような原理に基づいて実際の装置やプロセスは設計，操作されるのだろう．本章では環境対策技術として広く利用されている化学プロセスのなかから実施例の多いいくつかを紹介し，そこで使われる原理について述べる．

2.1 吸　着

吸着(adsorption)および**イオン交換**(ion exchange)による分離操作は，きわめて低い濃度の除去目的物質を液体や気体中から取り除く操作に適している．吸着とは，気体もしくは液体中の物質が，接触している固体の表面や液体の界面に取り込まれる現象である．身近な例としては，イオン交換樹脂を用いた水道水中に含まれる不要なイオンの除去や，活性炭を用いた冷蔵庫内の悪臭成分の除去などがある．工業的には脱臭，脱色，排ガスおよび排水処理，溶剤を含む気相からの溶剤回収などに利用されている．イオン交換は，液体中の電解質除去による脱イオン水製造，海水の淡水化，食塩の製造（または塩化カルシウムの製造）などに利用されている．

2.1.1 吸着平衡

気相や液相に活性炭，活性アルミナ，ゼオライトなどの**吸着剤**(adsorbent)を投入すると，目的物質が吸着剤表面に吸着され，気体分子の濃度や溶質濃度が系内と吸着剤表面とで異なってくる．そして，ある時間たつと吸着剤はそれ以上吸着しなくなる．このとき，**吸着平衡**(adsorption equilibrium)に達したという．吸着には物理吸着と化学吸着がある．物理吸着は分子間引力によるもので低温で起こり，吸着熱が凝縮熱と同程度に小さい．一

イオン交換樹脂
カルボキシ基（—COOH．弱酸性）やスルホ基（—SO$_3$H．強酸性）といった多数のイオン交換基を持つ合成樹脂は，水溶液中にH$^+$を放出する陽イオン交換樹脂である．一方，構造中にヒドロキシ基（—OH．塩基性）を持つ合成樹脂は，水溶液中にOH$^-$を放出する陰イオン交換樹脂である．

活　性　炭
活性炭は非常に微細な細孔（約1 μm径）が多数ある炭素からなる物質で，比表面積がきわめて大きく，表面にヒドロキシ基，キノン基などの官能基を持っている．このため有機物質の吸着力に優れている．1 gの活性炭に数百 m^{2}の面積が閉じこめられている．

食塩の製造
かつては，食塩の精製のため塩田のように太陽光を利用して水を蒸発させる方法もあったが，現在では，イオン交換樹脂を用いる場合が多い．その海水からの食塩の製造法には入浜塩田法，流下式塩田法，イオン交換膜法（多重効用缶）などがある．

活性アルミナ
吸着能力を持ったアルミナ(酸化アルミニウム)を活性アルミナと呼ぶ．クロマトグラフィーなどに用いられる．

ゼオライト
三次元網目構造をした結晶中の空洞にアルカリ金属やアルカリ土類金属，水分子を持つ．結晶内部と結晶外部の物質を交換する性質を持つ．一般に触媒，吸着剤，排水処理剤，土壌改良剤として利用される．加熱すると発泡して溶融することから，この名がつけられた．

方，化学吸着は吸着剤の官能基と目的物質の官能基の化学結合力によるもので高温で起こり，吸着熱が大きい．ここでは，おもに物理吸着について述べる．

一定温度における吸着剤単位重量当りの吸着量 n[mol 溶質・kg 吸着剤$^{-1}$，または kg 溶質・kg 吸着剤$^{-1}$]と平衡分圧 p[Pa]，または平衡時の均一相中の溶質濃度 C[kg・m^{-3} など]との関係を**吸着等温線**(adsorption isotherm)と呼んでいる．代表的な吸着等温線について，以下に述べる．

(1) ヘンリー型吸着等温式

液相の濃度あるいは気相の圧力が小さい場合は吸着分子間の距離が十分に長いため，吸着分子どうしの相互作用が無視でき，固体表面と吸着分子の間のみの相互作用で吸着量を決定できる．このとき次式が成り立つ．

$$n = KC \tag{2.1}$$

ここで K は比例定数である．図 2.1(a)に示すように溶質濃度 C と吸着量 n とは比例関係にあり，これは一般に吸着量が小さい範囲で成立する．気体の場合は，溶液濃度 C の代わりに気相分圧 p を用いればよい．式(2.1)をヘンリー型吸着等温式という．

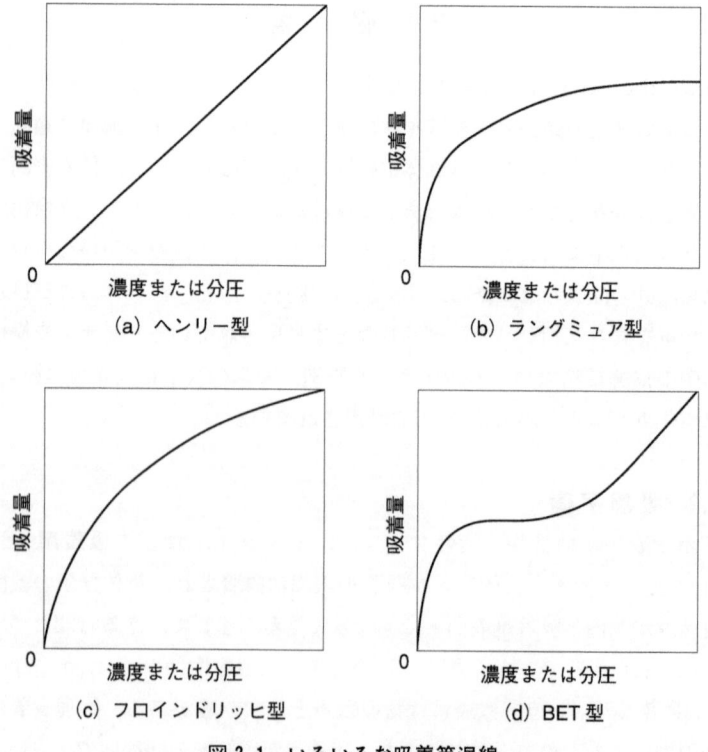

図 2.1 いろいろな吸着等温線

（2）ラングミュア型吸着等温式

Langmuir は，図 2.2 に示すように固体表面に同等な吸着力を示す吸着サイトがあり，表面に 1 分子層だけ吸着する（単分子層吸着）と仮定して，平衡状態における吸着量と溶質濃度（または気相分圧）との関係を導いた．全吸着サイトのうち吸着分子に覆われている吸着サイトの割合を $\theta[-]$ とすると，分子の脱着速度 $r'[\mathrm{mol \cdot s^{-1}}]$ は θ に比例する．比例定数を $a[\mathrm{mol \cdot s^{-1}}]$ とすると，次式のように表される．

$$r' = a\theta \tag{2.2}$$

また，気相からの吸着速度 $r[\mathrm{mol \cdot s^{-1}}]$ は空いている吸着サイトの割合 $1-\theta$ と溶液濃度 $C[\mathrm{mol \cdot m^{-3}}]$ に比例する．このときの比例定数を $b[\mathrm{m^3 \cdot s^{-1}}]$ とすると，次式が成り立つ．

$$r = b(1-\theta)C \tag{2.3}$$

平衡状態では両速度 r と r' は見かけ上等しいから以下の式が成り立つ．

$$a\theta = b(1-\theta)C \tag{2.4}$$

これを変形すると

$$\theta = \frac{bC}{a+bC} \tag{2.5}$$

ここで飽和吸着量を $n^\infty[\mathrm{mol \cdot kg^{-1}}]$，吸着量を $n[\mathrm{mol \cdot kg^{-1}}]$，$b/a$ を吸着平衡定数 $K[\mathrm{m^3 \cdot mol^{-1}}]$ とおくと，$\theta = n/n^\infty$ より次式が得られる．

$$n = \frac{n^\infty KC}{1+KC} \tag{2.6}$$

これをラングミュア型吸着等温式，または単にラングミュア式と呼ぶ．図 2.1(b) にラングミュア型の吸着等温線を示す．

単分子層吸着
界面に分子が 1 層だけ吸着し，その吸着サイトの上には他の分子は吸着できないと仮定している．

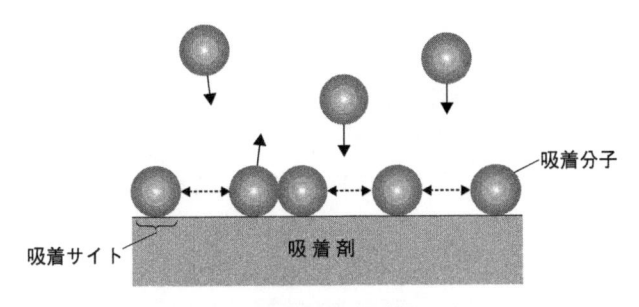

図 2.2　固体表面の吸着サイト

（3）フロインドリッヒ型吸着等温式

フロインドリッヒ型の吸着等温線は，図2.1(c)のように示される．

$$n = \alpha C^{1/\beta} \tag{2.7}$$

ここで α と β は，ともに吸着定数である．

（4）BET型吸着等温式

BET(Brunauer-Emmett-Teller)型の吸着等温線を図2.1(d)に示す．ラングミュア式は，表面に1分子層だけ吸着すると仮定したものであるが，BET型吸着等温式（単にBET式ともいう）は無限分子層まで吸着できる式である．図2.3に示すように，吸着した分子がそれぞれ次の層の吸着サイトとなり，分子は積み重なって多分子層に無限層まで吸着できるものとする．各層への吸着にラングミュア式を適用すれば，次式のようになる．

$$q = \frac{q^{\infty} KC}{(1-C)(1+KC-C)} \tag{2.8}$$

この式は，多孔質固体の細孔表面積を窒素ガスの吸着によって測定する際に利用される重要な式である．

BET式
一定温度で気体が固体表面に吸着される場合の吸着量について，1938年にBrunauer, Emmett, Tellerが提出した一連の関係式．物理吸着に関する実験結果をよく説明し，複雑な表面構造や多孔性構造を持った吸着剤や触媒の吸着表面積の決定に利用される．

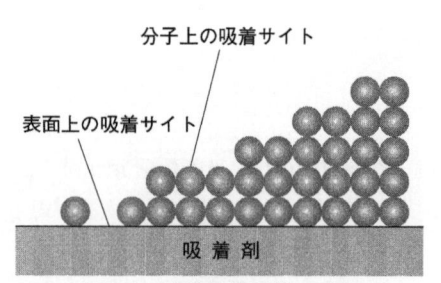

図2.3　多分子層吸着モデル

例題2.1

水溶液からの酢酸の活性炭に対する吸着平衡データ（吸着平衡温度12℃）は，表2.1のように与えられる．実験データより，ラングミュア式のパラメータ K および n^{∞} を最小二乗法で決定せよ．さらにここで決定した n^{∞}, K を用いて吸着等温線を計算し，計算線として図に示して実験点と比較せよ．

解　ラングミュア式は式(2.6)で与えられる．これを変形すると次式となる．

$$\frac{1}{n} = \frac{1+KC}{n^{\infty}KC} \tag{2.9}$$

表 2.1　12 °C における酢酸-水-活性炭系の吸着平衡

吸着された酢酸の物質量 $n[\mathrm{mol\cdot kg^{-1}}]$	液相中の酢酸濃度 $C[\mathrm{mol\cdot m^{-3}}]$
2.68	460
1.99	225
1.49	109
1.05	52.9
0.600	21.4

両辺に C を掛けると，以下の式が得られる．

$$\frac{C}{n} = \frac{(1+KC)C}{n^\infty KC} = \frac{1}{n^\infty K} + \frac{1}{n^\infty}C = \beta + \alpha C \tag{2.10}$$

ただし $\alpha = 1/n^\infty$, $\beta = 1/(n^\infty K)$ とする．式(2.10)より C/n と C との関係をプロットすると傾き $\alpha = 1/n^\infty$，切片 $\beta = 1/(n^\infty K)$ の直線が得られることがわかる．表 2.1 の値を用いて計算した C/n と C との関係を表 2.2 および図 2.4 に示す．

最小二乗法（付録 A 参照）を用いて，α と β を決定すると

$\alpha = 0.306, \ \beta = 35.7$

これより n^∞ および K が次のように求まる．

$n^\infty = 3.27\ \mathrm{mol\cdot kg^{-1}}, \ K = 0.00857\ \mathrm{m^3\cdot mol^{-1}}$

得られた n^∞ および K を用いて，任意の濃度 C に対して計算した吸着量

表 2.2　表 2.1 から求めた C と C/n の値

$n[\mathrm{mol\cdot kg^{-1}}]$	$C[\mathrm{mol\cdot m^{-3}}]$	$C/n[\mathrm{kg\cdot m^{-3}}]$
2.68	460	172
1.99	225	128
1.49	109	73.2
1.05	52.9	50.4
0.60	21.4	35.7

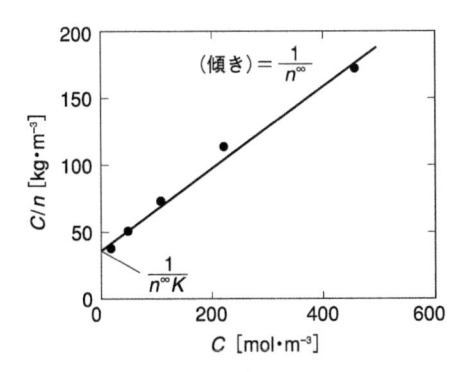

図 2.4　ラングミュア式のパラメータの決定

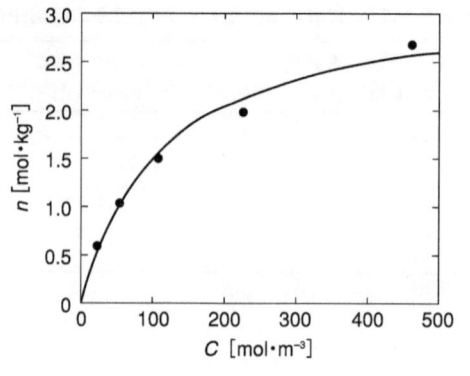

図 2.5 濃度 C と吸着量 n の関係

n を図 2.5 に示す．ただし吸着温度を 12 ℃ とした．

2.1.2 吸着分離操作

吸着分離操作の代表的な方法として，図 2.6 に示すような多段型の吸着操作がある．これはおもに液相中の特定成分の除去や回収に利用される吸着分離操作で，かくはん槽中で溶液と吸着剤とを混合接触させ，平衡に達したあと，溶液と吸着剤とを分離する方法である．ここで例をあげ，具体的に吸着分離操作の計算について説明しよう．

いま，ある物質の活性炭吸着の実験を行って，図 2.7 のような吸着等温線を得たとする．では排水 $V[\mathrm{m}^3]$ 中に含まれている濃度 $C_0[\mathrm{mol}\cdot\mathrm{m}^{-3}]$ の溶質を，活性炭 $W[\mathrm{kg}]$ を用いて吸着させるとすると，どの程度吸着させることができるだろうか．

この問題を解くためには，物質収支を考える必要がある．まず，活性炭に

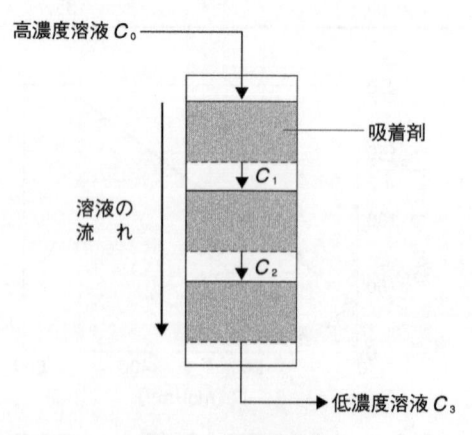

図 2.6 多段吸着塔

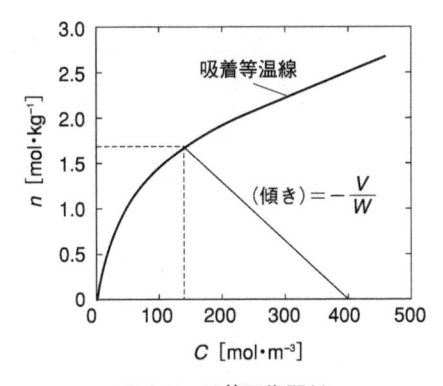

図 2.7 吸着平衡関係

吸着した溶質の量は吸着量 n[mol·kg^{-1}]と活性炭の質量Wを使ってnWと表すことができる．また，溶液から取り去られた溶質の量は$(C_0 - C_b)V$と表すことができる．ここでC_bは，排水中に残った溶質の量[mol·m^{-3}]である．以上から，物質収支により以下の式が成り立つ．

$$nW = (C_0 - C_b)V \tag{2.11}$$

これを変形すると以下のようになる．

$$n = -\frac{V}{W}(C_b - C_0) \tag{2.12}$$

この式のプロットと吸着等温線の交点が段数1のときの吸着量と排水中の溶質の濃度を示す．また，その点からx軸に垂直に降ろし，その点から式(2.12)で求めた傾き$-V/W$に引き，再び吸着等温線と交わった点が段数2のときの吸着量と排水中の溶質の濃度を示す．同様にすれば3段，4段，……と段数の増加にともなって，排水中の溶質の濃度が減少することがわかる．

2.2 PSA 分離

一般の吸着操作では，吸着剤への物質の吸着量が飽和吸着量に達する前に吸着操作を終了し，吸着剤の再生を行ったのち，再び吸着を行うという操作が繰り返される．再生には，一般に加熱操作によって吸着成分を脱着させる方法が用いられるが，圧力操作によって吸着剤を再生することもできる．圧力操作を用いれば，加熱操作に比べて短い切換え時間で吸脱着を繰り返すことができ，分離操作として利用可能である．このような方法の一つがPSA (pressure swing adsorption．圧力変動吸着)法と呼ばれるものである．

PSA
ガスに対する吸着剤の吸着特性の違いを利用して，加圧と減圧の操作を交互に繰り返しながら，目的とするガスを連続的に精製する．

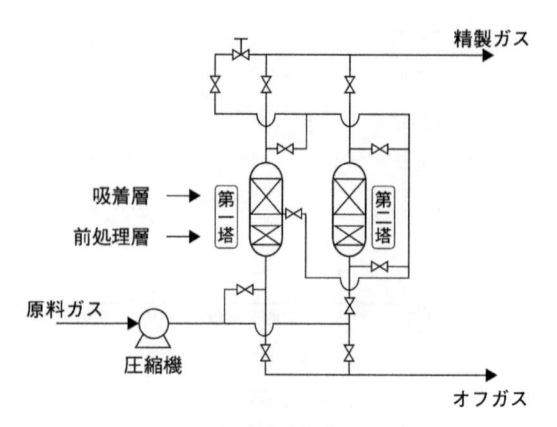

図 2.8　固定層吸着塔（二塔式）

パージガス
爆発防止や品質保持を図る目的で，空気もしくは可燃性のガスを置換，追い出す際に用いられるガスのこと．石油精製，LNGやLPGの大型タンクの検査や補修には欠かせない．一般的には窒素が用いられることが多い．

PSA操作は図2.8に示すように二塔式の固定層吸着塔を用いる．第一塔で加圧し，吸着成分を吸着剤に吸着させる．第二塔では逆に減圧し，生成ガスの一部をパージガスとして吸着時と反対方向に流し，吸着成分を脱着させて吸着剤の性能を回復させる（再生）．その後，第二塔を吸着操作圧まで加圧し，第一，二塔を切り換えて第二塔で吸着，第一塔で再生操作を行う．空気除湿，水素の精製，空気分離による窒素と酸素の製造などに，このPSA法が利用されている．

2.3　膜分離

膜分離（membrane separation）は古くから用いられてきた分離技術である．最も古いものは透析で，19世紀半ばに，膀胱膜や浮き袋などの天然膜を用いた例が報告されている．その後，セロファン膜などの人工膜を用い，主としてタンパク質溶液からの無機塩類の除去に使用された．さらに1950年代には海水からの脱塩研究の推奨を契機に展開されることとなった．海水から塩類をほぼ完全に除去して水を選択的に透過させる膜の開発や逆浸透法の確立により，海水の淡水化技術が実用化されるようになった．

2.3.1　膜分離の原理

膜によって物質の分離を行う場合，膜は選択性を持った隔壁にすぎず，物質移動の推進力（エネルギー）は別に与えられる．分離の推進力には濃度差，圧力差，電位差などが利用される．通常，膜は固相であるが液体膜，気体膜も特殊な用途として用いられる．

2.3.2 ガス分離

ガス分離には金属，多孔質ガラスやセラミックスなどの無機膜，ならびに各種の有機高分子膜が使用される．多孔質膜によるガス分離の実施例としては，核燃料の ^{235}U と ^{238}U の分離が代表的である．また高分子膜による水素ガスの分離，天然ガスからのヘリウムの分離，酸素富化膜などが実用化されている．

2.3.3 逆浸透と限外沪過

逆浸透および限外沪過は圧力差を推進力とし，膜の孔径よりも大きな粒子，分子やイオンなどを遮り効果によって阻止して，これらを溶媒や小さい分子

多孔質ガラス
ガラスに超微細な孔をつくることで，きわめて性能の高いフィルタとして利用できるガラスのこと．多孔質ガラスは軽く弱いが耐熱性，耐酸・アルカリ性に優れた性質を持つ．この特性を利用して塩分を除去するフィルタや，混合気体の分離膜材，血液の沪過や血液透析など幅広い分野で利用されている．

海水の淡水化

船舶や離島のように海水が豊富にあって，真水の少ない環境では，海水の淡水化技術が有効である．海水の淡水化法には，おもに蒸発法，電気透析法，逆浸透法の三つがある．そのなかでも処理プロセスが簡単であること，また経済的であることなどの理由から逆浸透法が採用される場合が多い．

図に示すような半透膜を用いた浸透圧による浸透現象と比較すると，逆浸透法の原理は容易に理解できる．逆浸透法は海水側に圧力を加え，膜を通して水の分子のみを反対側に押しだすというものである．このとき Na^+ や Cl^- などのイオンは膜の孔を通ることができずに濃縮される．

逆浸透法に使われる膜は表と裏で非対称の構造をしている．これは水の透過性を良くすると機械的な強度が落ちるという膜の欠点を克服するために工夫された構造である．膜の片面は緻密で細かい孔（0.1〜0.5 μm）を持つスキン層で，もう一方は孔の大きさが多少大きく（100〜300 μm），耐圧性を持つスポンジ層である．

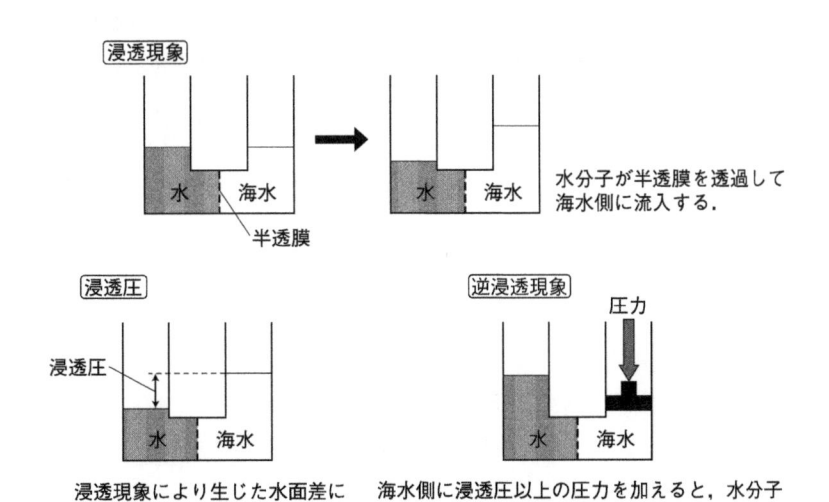

浸透現象：水分子が半透膜を透過して海水側に流入する．

浸透圧：浸透現象により生じた水面差に相当する圧力を浸透圧という．

逆浸透現象：海水側に浸透圧以上の圧力を加えると，水分子が海水側から半透膜を通って水側に流入する．

逆浸透

酸素富化膜
分離膜の両面に圧力差をかけることにより，大気側の酸素が膜表面に溶解して膜内を拡散移動し，減圧側の膜表面から離脱するという原理で酸素富化空気が得られる．

限外沪過
分離の原理は半透膜を用いた分子ふるい（2 nm〜0.1 μm）であり，濃度差による拡散と，膜間圧力差（2〜10 atm）を推進力として溶液を処理する．タンパク質，酵素，ポリペプチド，多糖など分子量の大きな有機物の分離や除去，濃縮に用いられる．

から分離するものである．基本的には沪過の延長と考えてよい．

通常の沪過では分離する粒子は 1 μm オーダー以上であり，0.1 μm オーダーの粒子を対象とする場合は精密沪過と呼んでいる．これは孔径を制御した膜を用いて酵母，細菌類や油エマルションなどの分離に用いられている．また医療の分野では，患者の血液をいったん体外に取りだして血球と血しょう成分に分離する血しょう分離に応用されている．通常の沪過と同様の取扱いが可能であり，従来の沪過方式のような表面や内部の細孔が閉そくしやすいということもない．

膜の孔径が 10 nm オーダーになるとコロイド粒子，ウイルスや高分子有機物質（タンパク質，核酸，多糖類など）が分離できるようになる．この領域が限外沪過である．浸透圧は比較的小さいが，沪過速度が小さいため通常 2〜10 atm 程度の圧力を加える．タンパク質の濃縮や食品工業の排水処理に多くの実施例がある．また高分子化合物，とくにタンパク質分子の相互分離（分子量分画）にも利用されている．

逆浸透は，さらに小さい分子を分離の対象とする．これはもともと海水の淡水化を目的として開発されたものであり，水以外の分子やイオンを排除する．逆浸透法は，このほか液体食品の濃縮や工業排水の処理などに実用化されている．このためにはオングストロームオーダーの孔径が必要となるが，この領域ではもはや"孔"と呼べるものではなく，熱運動による膜構成物質のすき間（自由体積）を通して水分子の移動が起こっている．

例題 2.2

逆浸透膜を用いて海水から淡水をつくるプラントにおいて，取り込んだ海水の 60% を飲料水にできたとする．海水には塩化ナトリウム NaCl が 3.5 wt% 含まれているが，そのうちの 99.4% が除去された場合，1日当り 200 トンの海水を淡水化するときの飲料水中の NaCl 濃度と濃縮水中の NaCl 濃度を求めよ．

解 図 2.9 に物質収支を示す．1日当りの生成量は，飲料水については次式で表される．

$$200 \times 0.6 = 120 \text{ トン}$$

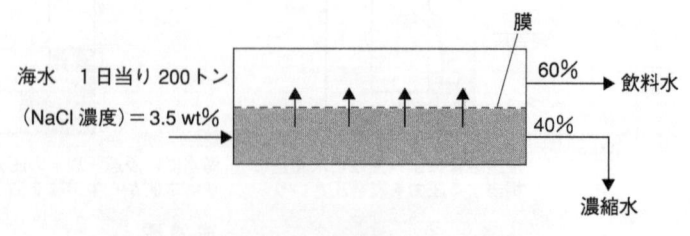

図 2.9 海水の淡水化装置における物質収支

一方，濃縮水については次のようになる．

$200 - 120 = 80$ トン

ところで，プラントに入る海水中の NaCl の重量は次のように計算される．

$200 \times 0.035 = 7$ トン

一方，飲料水中の NaCl の重量は次のようになる．

$7 \times (1 - 0.994) = 0.042$ トン

したがって，濃縮水中の NaCl 濃度は

$$\frac{7 - 0.042}{80} \times 100 = 8.7 \, \text{mass\%}$$

となる．

2.3.4 電気透析

電場を用いる荷電粒子，たとえばイオンの分離法として電気透析がある（図2.10）．電気透析は糖液，乳製品，ジュースなどの液状製品からの脱塩にも使用されるが，工業的には食塩製造のための海水の濃縮法として最も多く使用されている．図に示すように，電気透析槽は陽極および陰極の間に陽イオン交換膜と陰イオン交換膜を交互に配置したものである．また陽イオン交換膜は多数の陰イオン基を持っており，陽イオンは通すが，陰イオンを反発して通さない膜のことである．逆に，陰イオン交換膜は陰イオンを選択的に通す．

両電極の間に電圧をかけると，陽イオンは陰極方向へ，陰イオンは陽極方向へ移動する．その結果，濃縮液側では両イオンが濃縮され，脱塩側では塩濃度が減少する．すなわち，塩の濃縮水と脱塩水が同時に得られることになる．

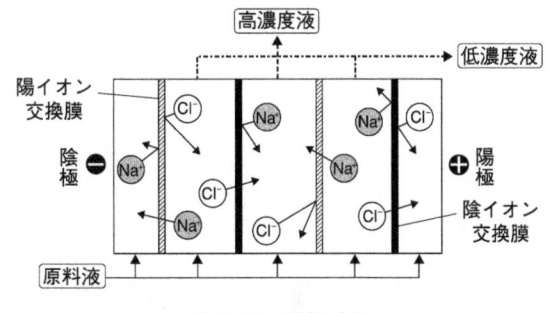

図 2.10 電気透析

2.4 ガス吸収

2.4.1 ガス吸収の原理

非凝縮性ガスと液体を接触させ，ガス中の可溶成分を液体中に溶解させる操作を**ガス吸収**（absorption）または単に吸収という．ガス吸収には，アセトンや CO_2 を水に吸収させる場合のように，溶質ガスが液体中に物理的に溶解する物理吸収と，CO_2 や H_2S をエタノールアミン水溶液に吸収させる場合のように，溶液内の化学反応を利用する化学吸収とがある．

一方，ガス吸収とは逆に，液体中の揮発成分をガス中に追い出す操作を**放散**（desorption）または**ストリッピング**（stripping）という．ガス吸収と放散は，気液界面の物質移動の方向が逆になるだけで，その原理と取扱い方法は同じである．

2.4.2 ガスの溶解度

炭酸飲料の缶やペットボトルの栓を開けたとき，泡が勢いよく吹き出したことはないだろうか．これは液体に溶解していた炭酸ガス（二酸化炭素 CO_2）が，液中から大気中へ放出されたために生じた現象である．

ところで炭酸飲料を製造する際に，どのようにして液体へ炭酸ガスを溶かし込んでいるのであろうか．また炭酸ガスを溶かし込む量 w を，どのように計算しているのであろうか．

そこで，液体に対する気体の溶解度と圧力の関係について考えてみよう．一般に一定温度では，一定量の溶媒に溶解しうる気体の分子数，物質量，質量は，その液体と接している気体の分圧に比例する．つまり気体は圧力が増すと，その液体への溶解量 w が増加する．これをヘンリーの法則といい，式で表すと式 (2.13) のようになる．

$$w = kp \qquad (2.13)$$

ここで w は一定量の液体への溶解量，k は比例定数，p は気体の分圧である．ただしヘンリーの法則は，溶解度の大きい気体や溶媒と反応する場合，あるいは溶液中で電離する気体に対しては適用できないので注意が必要である．なお液体のときの溶液を**溶相**（solution）と呼び，固体のときを**固溶体**（solid solution）と呼ぶ．つまり固溶体とは，異なる物質が互いに均一に溶け合った固体の状態をいう．

非凝縮性ガス
温度がその物質の臨界温度以上になっていて，圧力の増加だけでは凝縮相に変化させることができない気体のこと．常温でのメタン，プロパン，水素，酸素，窒素などもこれにあたる．

ストリッピング
溶媒から溶質を除去するために蒸気または空気を吹き込んで加熱し，気相に放散することによって分離回収を行う操作．

例題 2.3

体積率 1% のアンモニアを含む空気を 25 ℃，1000 kg の水に通し，水にアンモニアを吸収させた．水中に溶解したアンモニア量は平衡時にはい

くらになるか.ただし,この範囲ではヘンリーの法則を適用できるとし,比例定数 k の値を 1.2×10^{-5} kg·kg 溶媒$^{-1}$·Pa^{-1} とする.

解 水中のアンモニア濃度は上昇し,最後には平衡に達して吸収できなくなる.このときの吸収量 w は次のように計算できる.

$$w = (1.2 \times 10^{-5}) \times (101.3 \times 10^3) \times 0.01 \times 1000 = 12.2 \text{ kg}$$

2.5 触媒反応操作

これまでは,環境汚染物質を除去するための分離操作について紹介してきた.しかし,そのような物質を反応によって取り除くこともできる.そのために,触媒を利用したいくつもの方法が実用化されている.ここでは,それらのなかからいくつかを紹介しよう.

2.5.1 排煙脱硫技術

わが国では石灰スラリー法と呼ばれる方法が広く用いられている.排ガスを CaO や $CaCO_3$ を含むスラリーと接触させて SO_x を除去する.この方法は式(2.14),(2.15)に示すような反応で進む.

$$CaCO_3 + SO_2 + \frac{1}{2}H_2O \longrightarrow CaSO_3 \cdot \frac{1}{2}H_2O + CO_2 \tag{2.14}$$

$$CaSO_3 \cdot \frac{1}{2}H_2O + \frac{1}{2}O_2 + \frac{3}{2}H_2O \longrightarrow CaSO_4 \cdot 2H_2O \tag{2.15}$$

この反応により生成した石こう $CaSO_4 \cdot 2H_2O$ はセメントや石こうボードとして利用されている.脱硫率は 70 〜 90% である.

図 2.11 に簡単な装置図を示す.吸収液のスラリーは上部から噴霧され,充填物のすき間を下に流れていく.排ガスは反応器の下から供給され,充填物のすき間を上昇していくときに,含まれる硫黄化合物が除去される.

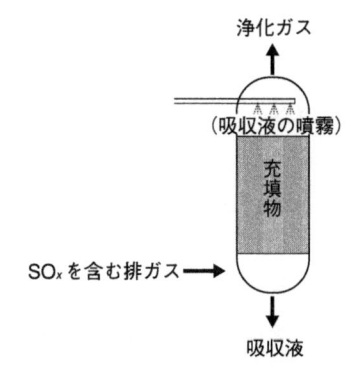

図 2.11 排煙脱硫装置

> **例題 2.4**
>
> 2% の硫黄が含まれている重油を毎分 10 kg の割合で燃焼させた．排煙脱硫によって 80% の硫黄が取り除かれるとして，毎分どれほどの石こう $CaSO_4 \cdot 2H_2O$ が生じるか．
>
> **解** 物質収支は以下の式で示される．
> （燃焼装置に入る硫黄の質量）
> ＝（石こうになる硫黄の質量）＋（脱硫後の排ガスに含まれる硫黄の質量）
> 燃焼装置に入る硫黄は毎分 $10 \times 0.02 = 0.2$ kg である．このうち 80% が石こうの原料となり，それは $0.2 \times 0.8 = 0.16$ kg である．硫黄の原子量は 32 であるので，物質量は 5 mol となる．$CaSO_4 \cdot 2H_2O$ の式量は 172 であるから，生成する石こうの質量は 0.86 kg である．

2.5.2 排煙脱硝技術

実用化されている排煙脱硝技術として，排ガスに含まれる窒素酸化物 NO_x をアンモニア NH_3 を用いて触媒の働きにより，無害な窒素 N_2 と水蒸気 (H_2O) に分解する技術がある．以下に示すような反応で，窒素は還元される．

$$4\,NO + 4\,NH_3 + O_2 \longrightarrow 4\,N_2 + 6\,H_2O \tag{2.16}$$

$$6\,NO_2 + 8\,NH_3 \longrightarrow 7\,N_2 + 12\,H_2O \tag{2.17}$$

装置を図 2.12 に示す．NH_3 は途中で噴霧されて窒素酸化物と反応し，さらに触媒によって N_2 まで還元される．

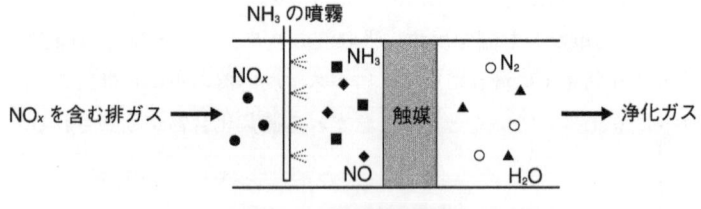

図 2.12 排煙脱硝装置

2.5.3 重油の水素化脱硫技術

日本に輸入される中東産原油は硫黄分を多く含むため，硫黄分の除去に多くの努力がなされた．1968 年には世界に先駆け，直接脱硫装置と呼ばれる装置が日本で建設された．これは蒸留で分離された留分である原料油と水素ガスとを高い圧力で反応させることによって，油に含まれる硫黄化合物を除去しようとするものである．図 2.13 に示すような反応装置に触媒をつめ，

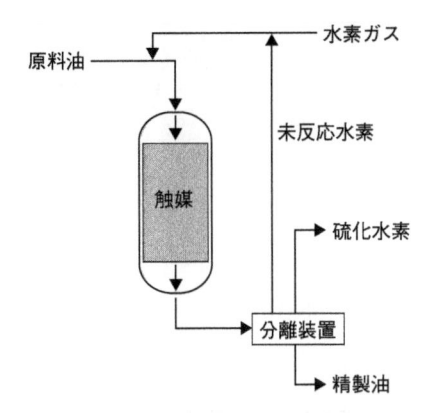

図 2.13　重油の水素化脱硫装置

上部から原料油と水素を供給する．触媒としては通常，小さな孔をたくさん持った酸化アルミニウムの固体（担体と呼ばれる）に，モリブデンなどを分散させたものが使用される．

2.5.4　自動車の排ガス浄化技術

日本国内では，ガソリン自動車のCO, 炭化水素 C_nH_m および NO_x などの排出量は法規制されている．この規制値をエンジンのみの改良で満たすことはできないため，エンジンからの排ガスをそのまま大気中へ放出することはできない．いくつもの方法が試されたが，最終的にはエンジンからでたあと，触媒反応によって有害物質を反応除去する方法が一般的となった．使用される触媒は，規制対象物質の三成分を同時に除去することから三元触媒と呼ばれている．触媒層は多孔質で，大きな表面積を持ったアルミナ（酸化アルミニウム）の細孔表面に白金，ロジウム，パラジウムなどの貴金属成分が微粒子状で分散している．これらの貴金属を触媒として反応は進む．

除去対象となる成分のうち，COと C_nH_m は酸素で酸化されて CO_2 になる．一方，NO_x は還元されて窒素になる．触媒上で起こる反応は複雑であり，酸化反応と還元反応とを同時に進行させなければならない．すべての成分を高い除去率で処理するためには，ガス組成のバランスが非常に重要になる．

触媒で反応させるときのガス組成は，エンジンに供給するガソリンと空気の混合比によって決まる．図2.14に空燃比（空気とガソリンの重量比）と，除去すべき物質のそれぞれの除去率との関係を示す．14.6付近の空燃比の値は理論空燃比と呼ばれ，ガソリンがちょうど完全燃焼するところである．空気が少なくなり，空燃比がこの値よりも小さくなると，排ガス中の酸素濃度が低くなり，酸化反応は進行しにくくなってCOや C_nH_m の除去率が下がる．逆に空気が多くなり，空燃比が大きくなると未反応の酸素が排ガスに

三元触媒

現在使用されている触媒はハニカム型と呼ばれ，排ガスの流れる方向に蜂の巣に似た多くの孔があいている．その内面には触媒層がコーティングされている．

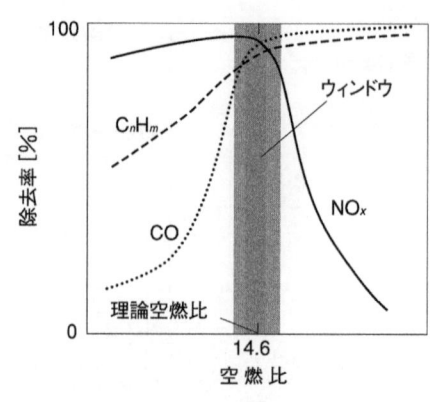

図 2.14 三元触媒の除去特性

多く含まれるようになるので，酸化反応が進みやすい雰囲気になる．このためCOやC_nH_mの酸化は進むが，NO_xの還元は起こりにくくなる．これら三成分がすべて高い除去率になるような空燃比の領域はウィンドウと呼ばれ，図中グレーの領域で示されている．

GC-MSを用いた微量成分の分析

水質や大気などの環境保全に対する関心が高まるなか，環境中の低濃度化学物質の分析が要求されている．河川水中に含まれる環境ホルモン，大気中に含まれるベンゼンなどの有機化合物，食品中に含まれる残留農薬などの微量成分の分析には図に示すような構造の，ガスクロマトグラフ質量分析装置(GC-MS)がよく使われる．

残留農薬分析の前処理には，人体や環境に有害な有機溶媒が用いられるが，それに代わる方法として第3章で述べるような，環境にやさしい超臨界二酸化炭素を使った前処理法も研究されている．

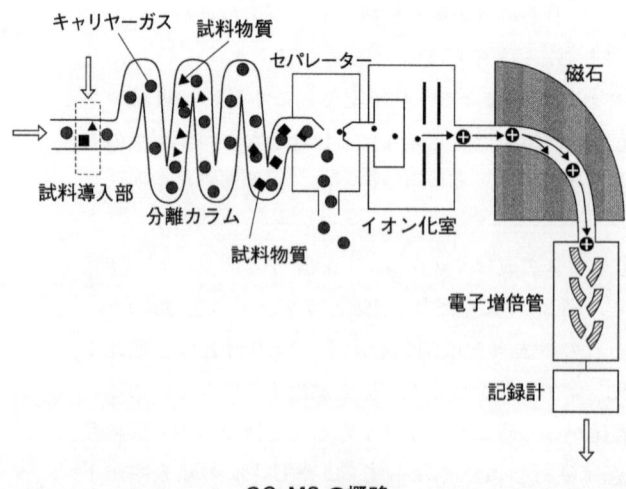

GC-MSの概略

この章のまとめ

装置やプロセスの具体的なイメージをつかめるよう，本章では実施例の多いいくつかの技術の原理を紹介した．これら以外にも抽出，蒸留，乾燥，調湿，かくはん，粉砕など種々の操作が利用されている．本章で紹介した吸着操作などを含め，化学プラントや環境対策技術の物理的操作は**単位操作**（unit operation）と呼ばれる学問体系において整理されているが，これらの操作で用いられている基本原理は共通のものが多いので，ここでは省略した．

章末問題

1. ラングミュア式に従って吸着が起こる物質がある．飽和吸着量が 6.0 mol・kg^{-1}，吸着平衡定数が 0.02 m^3・mol^{-1} の場合に平衡時の溶液濃度が 120 mol・m^{-3} となった．吸着剤を 5 kg 使用したときの吸着量を求めよ．

2. 三段の多段吸着塔によって，濃度 400 mol・m^{-3} の溶質を含む 1 m^3 の排水の処理を行った．いま活性炭はそれぞれの段で 100 kg ずつ使用されているとし，また図 2.7 の吸着等温線が使えるとする．このときの溶質の活性炭への吸着量と，出口での排水の溶質濃度を求めよ．

3. 吸着剤を充填して使用する場合に，充填層単位体積当りの充填剤粒子の外表面積 a_v は装置設計に重要なパラメータになる．いま球形の吸着剤を考え，その直径を d_p，充填層の空隙率を ε とする．このとき，a_v が次式で表されることを示せ．

$$a_v = \frac{6(1-\varepsilon)}{d_p}$$

4. 298 K において，NaCl の濃度が 3.5 mass% の人工海水をつくった．この水溶液の浸透圧を次で与えられるファントホッフの法則から求めよ．

$$\Pi = RTC$$

ここで Π は浸透圧，R, T, C は順に気体定数，温度，溶質のモル濃度である．なお海水の密度は 1020 kg・m^{-3}，NaCl の分子量は 58.5 とする．

5. ガソリンが完全燃焼する空燃比を求めよ．ただしガソリンの成分はすべてオクタン C_8H_{18} と仮定する．また空気については酸素のモル分率を 0.2，窒素のモル分率を 0.8 とする．

3章 物理化学の基礎知識

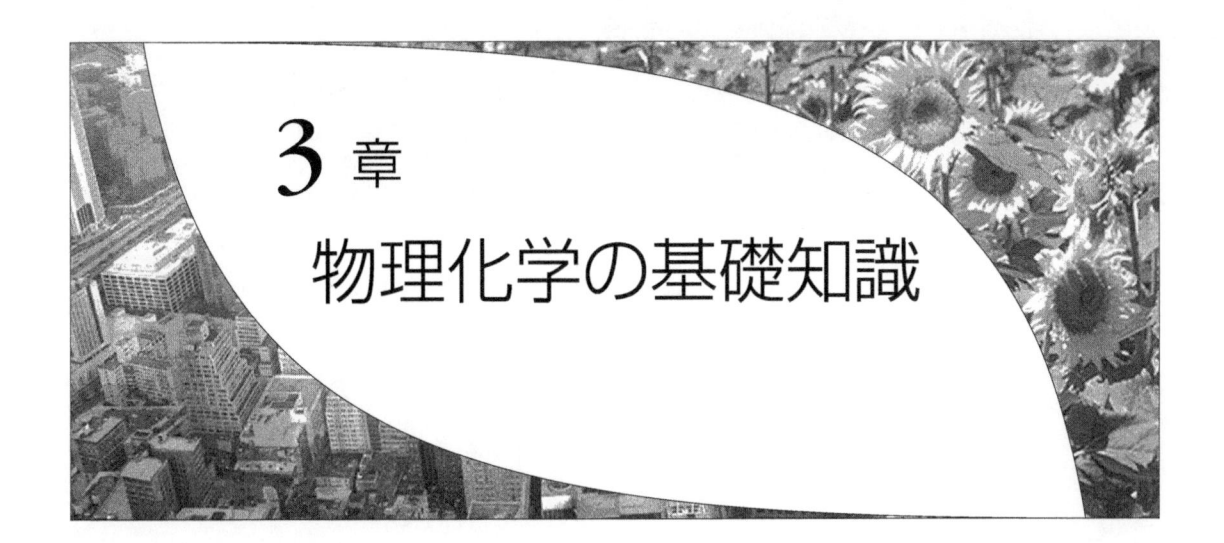

非常に高い山の上で普通の鍋，釜を使ってご飯を炊くと，お米に芯があって固く，おいしくないという話を登山家の友人から聞いたことがある．一方，圧力鍋でカレーをつくると普段の四分の一程度の短い時間で調理ができるともいう．これらの身近な現象は，水の性質とその状態に起因している．

環境技術，化学装置およびプラント技術では，しばしば物質の性質（物性），状態やその変化を利用する．そこで本章では物理化学の基礎知識として物質の状態，環境装置の設計に欠かせない物性，ならびにその予測方法である物性推算法とそれらを表現するのに必要な記号と次元，単位について述べる．

高山での炊飯
高い山の上では大気圧が低いため，水が100℃以下の低い温度で沸騰する．そのため，調理温度が低くなる．

圧力鍋
圧力鍋は故障や事故を防ぐ観点から，比較的簡単な構造で内部の圧力を保持，調整できる仕組みになっている．

3.1 単位と記号

本書では特別な場合を除き，物理量の単位と記号には**国際単位系**（**SI単位系**）に準じたものを使用している．しかし，従来使い慣れている非SI単位（たとえばatmなど）は排除するとかえって不便になるので，最小限に抑えつつ使用している．SI単位系の基本物理量，ならびにその組合せにより誘導される物理量の単位を付表1と2に示す．また物理量の値が非常に大きい場合や小さい場合などは，単位にその意味を示す接頭語をつけてわかりやすく表現するようにしている．よく使用されるSI単位系での接頭語を付表3に示す．なお主要な物理定数の値もあわせて付表4に示しておく．

3.2 物質の状態と相律

3.2.1 気体，液体と固体

一般に，物質は温度や圧力の変化によって**気体**（gas），**液体**（liquid），固

固体 　　　　　液体 　　　　　気体

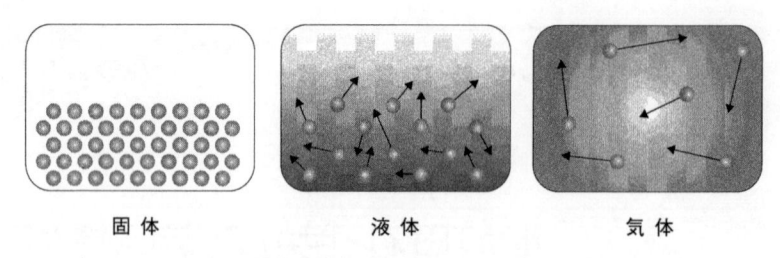

図 3.1　固体，液体，気体における分子の運動

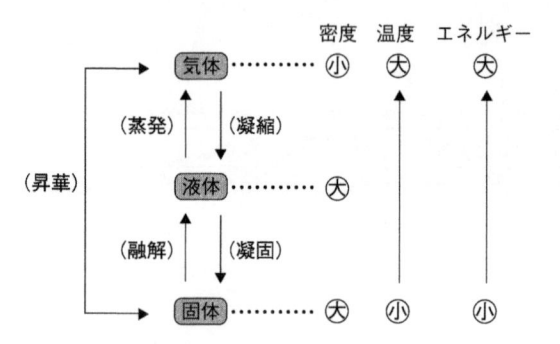

　　　　　　　　　　　　　　密度　温度　エネルギー
　　　　　　　気体 ……… 小　　大　　大
　　　　（蒸発）↑↓（凝縮）
（昇華）　　　液体 ……… 大
　　　　（融解）↑↓（凝固）
　　　　　　　固体 ……… 大　　小　　小

図 3.2　固体，液体，気体の間の状態変化

体（solid）の三つの状態をとる．これらの状態における分子運動の特徴を模式的に図 3.1 に示す．また，それぞれの状態の間の変化は図 3.2 に示すように**融解**（fusion），**凝固**（solidification），**蒸発**（vaporization），**凝縮**（condensation），**昇華**（sublimation）と呼ばれる．

　固体状態において，物質を構成している分子（あるいは原子，イオンなど）は，分子間力により運動を強く束縛されているため規則的な配列状態にある．これに対して液体状態では，周囲の温度が高くなるため分子の熱運動が激しくなり，ある範囲内では秩序性が保持されるものの分子配列は不規則になり，流動性を持つようになる．また一般的に，液体状態の密度は固体状態より小さくなるが，水のような例外もある．

　さらに温度が高くなると，熱運動が分子間力に打ち勝つようになる．その結果，分子の運動は自由になり，分子が空間全体に広がろうとする．この状態が気体である．この状態では，分子間の平均距離は分子自身の大きさの数十倍以上にもなる．

3.2.2　状態の変化

　物質の三態である気体，液体，固体の変化に関して，最も身近な水と二酸化炭素を例にみてみよう．水や二酸化炭素については，次のような疑問をよく耳にする．
　① 　高い山の上で，ご飯を炊くのが難しいのはなぜか．

② 圧力鍋を使うと，なぜ短い時間で調理できるのか．
③ 洋菓子店で，ケーキなどにドライアイスを付けてくれるのはなぜか．
④ 液体の二酸化炭素（液化二酸化炭素）は存在しないのか．
⑤ 人工的に霧や雲をつくれないか．

水や二酸化炭素の状態変化を物理化学的に考えると，これらの疑問に対して，ある程度答えることができる．

圧力 p がおよそ 1 atm である状態下で水を加熱すると，液体表面から水蒸気があがり，100 ℃ 付近で液体の内部からも蒸発が起こるようになる．これが**沸騰**（boiling）である．図 3.3 に示すように**蒸気圧**（vapor pressure）が液面に加わる圧力に等しくなる，このときの温度 T を**沸点**（boiling point），またこのときの蒸気圧を**飽和蒸気圧**（saturated vapor pressure）という．純物質の蒸気圧（または飽和蒸気圧）$p°$ は温度のみの関数であり，蒸気圧と温度の関係をグラフに表したものが蒸気圧曲線である．なお一般の圧力 p と区別するため，本書では純物質の蒸気圧（または飽和蒸気圧）を $p°$ で表していることに注意してほしい．図 3.4 に示すように $p°$ の値は，水では 100 ℃（373.15 K）でおよそ 760 mmHg である．この蒸気圧と温度の関係を用いると，上述の疑問①，②について答えることができる．また化学工業では温度変化だけでなく，圧力変化による相変化を利用する場合がある．一例として二酸化炭素の温度，圧力による状態図を図 3.5 に示す．固体の二酸化炭素であるドライアイスをおよそ 6 atm 以上に加圧して温度を変化させることにより，液化二酸化炭素をつくることができる．

工業的に蒸留装置などをつくる場合には，蒸気圧と温度の正確な関係が必要になる．物質の蒸気圧と温度の関係を熱力学的に導出したのが，式（3.1）に示す**クラウジウス・クラペイロン式**（Clausius-Clapeyron equation）である．この式については付録 D にくわしく示す．

ドライアイス

ドライアイスは二酸化炭素の固体である．大気圧下では昇華し液体を生じないので，菓子などの保冷剤として使用されている．なお"ドライアイス"とは，もともとは初めて固体の二酸化炭素を商品として製造，販売したドライアイス・コーポレーション社の商品名であった．

気体の液化

今日では液化天然ガスの製造にみられるように，ガスの液化技術は一般的になっている．20 世紀の初めごろには，ヘリウムなどのガスは永久ガスと呼ばれ，一般には液化できないと考えられていた．しかしオランダの Kamerlingh Onnes らの研究により液化が実現した．

二酸化炭素のボンベ

高圧ガス用のボンベには，その用途に応じていくつかの種類がある．液化二酸化炭素の場合，サイフォン式のものが用いられている．これは二酸化炭素ガス用のボンベとは異なるものである．

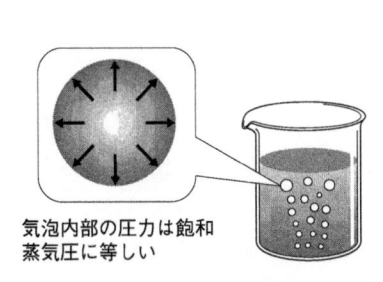

気泡内部の圧力は飽和蒸気圧に等しい

図 3.3 水の沸騰

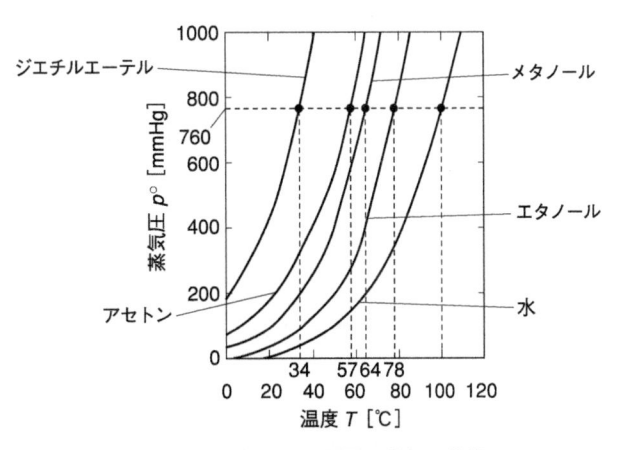

図 3.4 いろいろな物質の蒸気圧曲線

指数と対数

指数と対数には，知っておくと便利な下記のような関係がある．

$a^y = x$, $\log_a x = y$
$a^1 = a$, $\log_a a = 1$
$a^0 = 1$, $\log_a 1 = 0$
$\log_a(xy) = \log_a x + \log_a y$
$\log_a\left(\dfrac{x}{y}\right) = \log_a x - \log_a y$
$\log_a x^b = b \log_a x$
$\log_a x = \dfrac{\log_c x}{\log_c a}$
$e^x = \exp(x)$
$\ln x = 2.303 \log_{10} x$
$\dfrac{d(x^n)}{dx} = nx^{n-1}$
$\dfrac{d(\ln x)}{dx} = \dfrac{1}{x}$

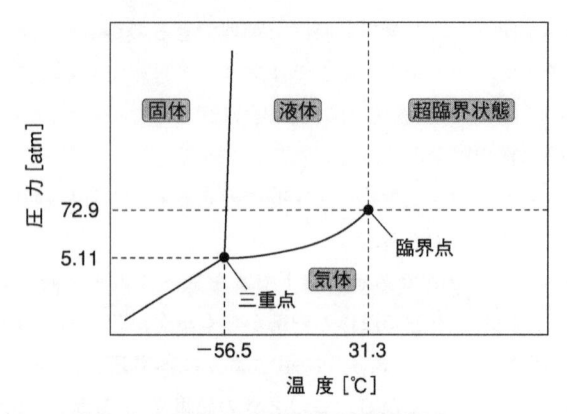

図 3.5　二酸化炭素の状態図

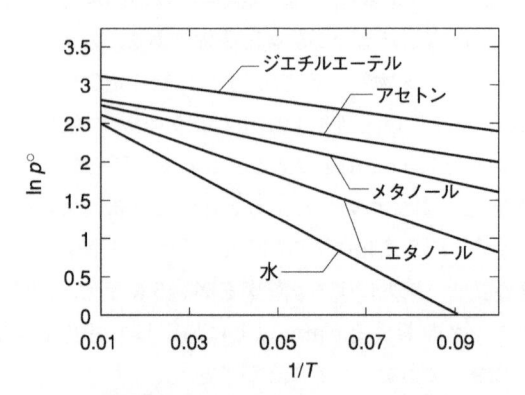

図 3.6　蒸気圧（mmHg 単位）の対数と温度（K 単位）の逆数との関係

$$\ln p^\circ = A - \frac{B}{T} \tag{3.1}$$

ここで A, B は定数であり，これは狭い温度範囲において成り立つ．図 3.4 の蒸気圧の対数を $1/T$ に対してプロットすると，狭い温度範囲で図 3.6 のように直線関係が得られる．工学的には，式(3.1)よりも実測値を精度良く表現する次の**アントワン式**（Antoine equation）が広く用いられている．

$$\ln p^\circ = A - \frac{B}{T + C} \tag{3.2}$$

ここで A, B, C はアントワン定数と呼ばれる物質固有の値である．圧力の単位を kPa，温度の単位を K としたときの，おもな物質について，この値を付表5に示す．ただし温度範囲，温度と圧力の単位によりその値が異なるので，使用する場合には注意を要する．

温度の逆数 $1/T$ に比例する物理量

50ページで蒸気圧の対数と$1/T$が比例する関係をみた.このように,ある物理量の対数と温度の逆数とが比例する関係は他の現象でもみられる.たとえば分子の熱運動に起因している現象である反応の平衡定数,反応の速度定数などの対数についてもみられる.

統計力学によれば,エネルギーE_1とE_2の状態のそれぞれの分子や原子の数の比X_1/X_2は,次式で与えられる.

$$X_1/X_2 = \exp\{-(E_1 - E_2)/kT\}$$

ここでkはボルツマン定数である.上式の両辺の対数をとると

$$\ln(X_1/X_2) = -(E_1 - E_2)/kT$$

このように存在確率の比の対数$\ln(X_1/X_2)$が,エネルギーの差$E_1 - E_2$を絶対温度Tとボルツマン定数kの積で除したもので表せることがわかる.

例題 3.1

図3.7のような耐圧4.00 atmのガラス容器のなかにエタノールを封入した.なかのエタノールを何度まで加熱すると,ガラス容器が破損する可能性があるか.ただし,この温度範囲におけるエタノールのアントワン定数は$A = 16.66404$, $B = 3667.705$, $C = -46.966$であり,圧力と温度の単位はそれぞれkPa, Kである.

図 3.7 エタノールを封入したガラス容器

解 式(3.2)を用いて,エタノールの蒸気圧が4.00 atmとなる温度Tを求める.式(3.2)を変形し,与えられた値を代入すると

$$T = \frac{B}{A - \ln p°} - C$$

$$= \frac{3667.705}{16.66404 - \ln(4.00 \times 1.01325 \times 10^2)} + 46.966$$

$$= 391.04 \text{ K}$$

すなわち117.9℃である.

3.2.3 状態図と臨界点

物質の状態は三つの状態量，すなわち圧力 p，モル体積 V_m，温度 T の関係から知ることができる．圧力に対して温度やモル体積を座標軸にとり，上述した状態を図示したものを**状態図**（または**相図**, phase diagram）と呼ぶ．図3.8に状態図の例を示す．

図3.8において，**臨界点**（critical point）を通る等温線すなわち臨界等温線（$T = T_c$）よりも高い温度の領域は気体と示されているが，これはいくら圧力を加えても液化しない，非凝縮性気体であることを示している．これは**超臨界流体**（supercritical fluid）と呼ばれる状態である．

図3.9には，等温過程における物質の状態変化と相の様子を示す．

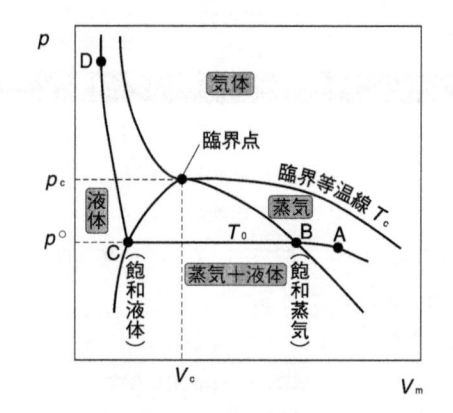

図3.8 物質の状態図[1]

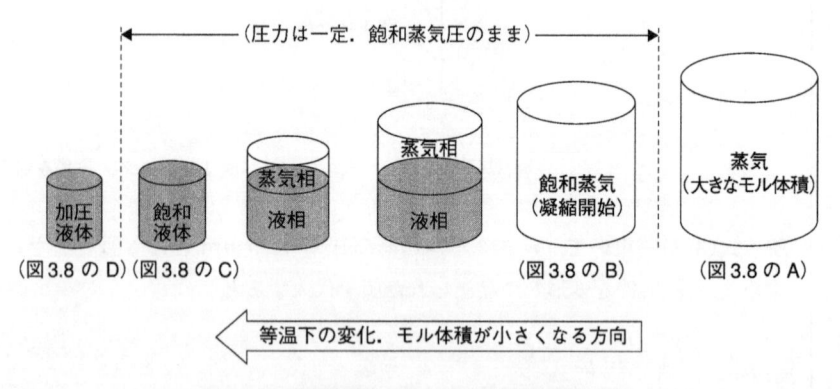

図3.9 等温過程における物質の状態変化[1]

3.2.4 超臨界流体

超臨界流体とは，臨界点 T_c 以上の温度において，いくら圧力を加えても液化されない非凝縮性気体のことである．臨界点付近の高密度気体は超臨界ガスまたは超臨界流体と呼ばれており，臨界圧前後で，その溶解能力が著し

く変化することから工業的にも種々の分野で利用されている．一例として，超臨界二酸化炭素によるコーヒー豆からのカフェインの抽出プロセス，ならびに超臨界二酸化炭素に対するカフェインの溶解度をそれぞれ図3.10(a)(b)に示す．固体のカフェインが気体である超臨界二酸化炭素に溶解するが，その溶解度は，超臨界流体-固体成分の二成分系と考えて，熱力学的基礎式から一般に式(3.3)のように求められる（詳細な導出は付録Eに示す）．

$$y_2 = \frac{p_2^{SAT}}{p} \frac{1}{\phi_2^G} \exp\left\{\frac{v_2^S(p - p_2^{SAT})}{RT}\right\} \tag{3.3}$$

ここで下付きの数字2は固体成分（ここではカフェイン）を示す．また p_2^{SAT}, v_2^S はそれぞれ固体成分の飽和蒸気圧とモル体積，ϕ_2^G は固体成分の気相フガシティー係数を表す．上付きのSATとGはそれぞれ飽和であること，および気体であることを示す．また，式の導出においては

① 固体中に超臨界流体は溶解しない．
② 純固体の気相フガシティー係数は1と近似できる．
③ 固体のモル体積は圧力により変化しない．

という三つの仮定を用いている．

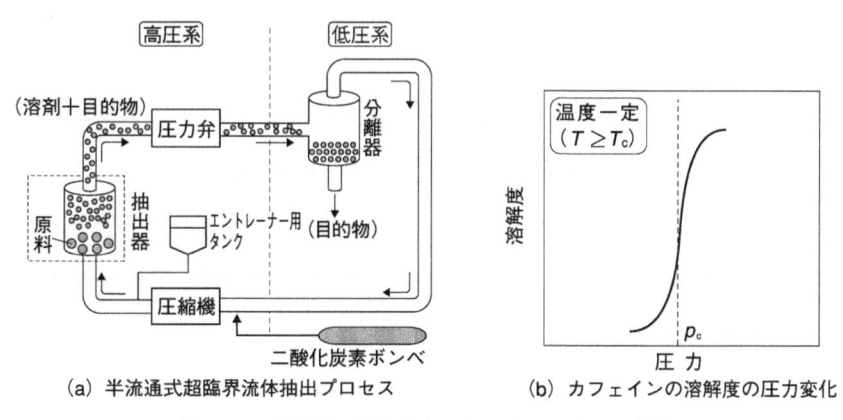

図3.10 超臨界二酸化炭素によるカフェインの抽出
(a) 半流通式超臨界流体抽出プロセス
(b) カフェインの溶解度の圧力変化

例題3.2

343.15 K における，フェナントレンの超臨界二酸化炭素に対する溶解度 y_2 を式(3.3)より計算し，表3.1の値となることを確認せよ．また，この計算値を実験値と比較せよ．ただしフガシティー係数 ϕ_2^G としては，状態方程式より計算された表3.1の値を用い，フェナントレンの固体モル体積 v^S ならびに343.15 K における蒸気圧 p_2^{SAT} をそれぞれ 0.1512×10^{-3} m³·mol⁻¹, 2.6872 Pa, 気体定数 R を 8.31451 Pa·m³·K⁻¹·mol⁻¹ とする．

フガシティー係数 ϕ_2^G は温度，圧力，組成の関数であり，状態方程式とその物性値の混合則より計算しなければならない．実際の問題では，この例題のように与えられることはなく，第6章で示すように状態方程式より計算する．この例題では表3.2の値を利用し，SRK式に非対称型混合則を用いて計算したフガシティー係数 ϕ_2^G の値を与えている．計算の詳細は付録Eに示す．

解 表3.1の各パラメータを式(3.3)に代入して y_2 を求める．たとえば圧力 104.3×10^5 Pa のとき

$$y_2 = \frac{2.6872}{104.3 \times 10^5} \frac{1}{8.918 \times 10^{-3}} \exp\left\{\frac{0.1512 \times 10^{-3}(104.3 \times 10^5 - 2.6872)}{8.31451 \times 343.15}\right\}$$

$$= 5.02 \times 10^{-5}$$

同様の計算を他のパラメータを用いて行うと，表3.1のようになる．

表3.1 フェナントレンの超臨界二酸化炭素に対する溶解度(343.15 K)

圧力 $p[\times 10^{-5}$ Pa$]$	フガシティー係数の計算値 ϕ_2^G	溶解度の実験値 $y_2[\times 10^4]$	溶解度の計算値 $y_2[\times 10^4]$
104.3	8.918×10^{-3}	0.227	0.502
118.1	3.961×10^{-3}	1.67	1.07
138.8	1.336×10^{-3}	5.08	3.02
207.7	2.419×10^{-4}	16.3	16.0
276.7	1.480×10^{-4}	35.0	28.4
380.1	1.341×10^{-4}	39.4	39.5
414.5	1.409×10^{-4}	41.2	41.4

表3.2 フガシティーの計算に用いた物性値

	臨界温度 T_c[K]	臨界圧 $p_c[\times 10^{-5}$ Pa$]$	偏心因子 ω[-]
二酸化炭素	304.2	7.376	0.224
フェナントレン	878	2.899	0.431

超臨界流体を工業的に利用するには，その**臨界定数**〔critical constant．これは**臨界温度**(critical temperature) T_c，**臨界圧**(critical pressure) p_c，

超臨界二酸化炭素を用いた実用装置

53ページでは超臨界二酸化炭素を用いた，コーヒー豆からのカフェインの抽出を例として紹介した．二酸化炭素の毒性が低いこと，操作温度が二酸化炭素の臨界温度32℃近傍で，酵素やタンパク質などの生体関連物質が変性しにくい温度であること，不燃性であり工業化が容易であること，などから実用装置の開発も進んでいる．この超臨界二酸化炭素を用いる技術は抽出以外にも染色，メッキ，化学合成など，さまざまな分野で利用が検討されている．

ところで，実用装置での製造を行うまでには一般に，いくつかの過程を必要とする．まず研究室スケール，次にベンチスケールでの実験装置を試作し，本来希望する性能が得られるかなどを検討する．これを実用可能な装置にまで大型化，すなわちスケールアップするには，続いてパイロットスケールと呼ばれる，実用装置よりも小型ではあるが研究室スケールよりは大型で，実用装置で必要となる消費電力や生産能力を検討する装置を試作することが一般的である．超臨界二酸化炭素を用いた装置は流通型であり，スケールアップを行いやすい．

表 3.3 ライダーセンの方法における加算因子[2]

構造	ΔT	Δp	ΔV	構造	ΔT	Δp	ΔV
—CH$_3$	0.02	0.227	55	—OH（アルコール）	0.082	0.06	18
—CH$_2$	0.02	0.227	55	—OH（フェノール）	0.031	−0.02	3
—CH	0.012	0.21	51	—O—（非環状）	0.021	0.16	20
—C—	0	0.21	41	—O—（環状）	0.014	0.12	8
=CH$_2$	0.018	0.198	45	—C=O（非環状）	0.04	0.29	60
=CH—	0.018	0.198	45	—C=O（環状）	0.033	0.2	50
=C—	0	0.198	36	HC=O（アルデヒド）	0.048	0.33	73
=C=	0	0.198	36	—COOH（酸）	0.085	0.4	80
≡CH	0.005	0.153	36	—COO—（エステル）	0.047	0.47	80
≡C—	0.005	0.153	36	=O（上記以外）	0.02	0.12	11
—CH$_2$—	0.013	0.184	44.5	—NH$_2$	0.031	0.095	28
—CH—	0.012	0.192	46	—NH（非環状）	0.031	0.135	37
—C—	−0.007	0.154	31	—NH（環状）	0.024	0.09	27
=CH—	0.011	0.154	37	—N—（非環状）	0.014	0.17	42
=C—	0.011	0.154	36	—N—（環状）	0.007	0.13	32
F	0.018	0.224	18	—CN	0.06	0.36	80
Cl	0.017	0.32	49	—NO$_2$	0.055	0.42	78
Br	0.01	0.5	70	—SH	0.015	0.27	55
I	0.012	0.83	95	—S—（非環状）	0.008	0.24	45

臨界体積(critical volume) V_c の三つである]を知ることが重要である．また，この臨界定数から他の物性について計算することもできる．臨界定数は化合物の分子式から，グループ寄与法の一種である**ライダーセンの方法**(Lydersen method)を用いて次のように推算できる．

$$T_c = \frac{T_b}{0.567 + \sum \Delta T - (\sum \Delta T)^2} \quad [\text{K}] \tag{3.4}$$

$$p_c = \frac{M}{(0.34 + \sum \Delta p)^2} \quad [\text{atm}] \tag{3.5}$$

$$V_c = 40 + \sum \Delta V \quad [\text{cm}^3 \cdot \text{mol}^{-1}] \tag{3.6}$$

ここで T_b と M は，それぞれ標準沸点[K]（その物質の蒸気圧が 760 mmHg となる温度）と分子量[g·mol^{-1}]であり，ΔT, Δp, ΔV は，それぞれ臨界温度，臨界圧，臨界体積を求めるために決められた加算因子である．表 3.3 に，各構造の加算因子 ΔT, Δp, ΔV の値を示す．

例題 3.3

ライダーセンの方法を用いて 1-ヘプタノールの臨界圧 p_c，臨界温度 T_c，臨界体積 V_c を求めよ．

解 1-ヘプタノールの分子式は CH$_3$(CH$_2$)$_6$OH，分子量 M および標準沸点 T_b は 116.20, 176.81 ℃ である．また，1-ヘプタノールのそれぞれの分子式について加算因子を求めると，表 3.4 のようになる．表 3.4 より，

1-ヘプタノールの分子式に基づいて，各加算因子の合計を求めると，次のようになる．

$\sum \Delta T = (0.02 \times 1) + (0.02 \times 6) + (0.082 \times 1) = 0.222$

$\sum \Delta p = (0.227 \times 1) + (0.227 \times 6) + (0.06 \times 1) = 1.649$

$\sum \Delta V = (55 \times 1) + (55 \times 6) + (18 \times 1) = 403$

また $T_b = 449.96$ K となるから，1-ヘプタノールの臨界定数は式(3.4)～(3.6)より，それぞれ次のように求められる．

$$T_c = \frac{449.96}{\{0.567 + 0.222 - (0.222)^2\}} = 608 \text{ K}$$

$$p_c = \frac{116.20}{(0.34 + 1.649)^2} = 29.4 \text{ atm}$$

$$V_c = 40 + 403 = 443 \text{ cm}^3 \cdot \text{mol}^{-1}$$

表 3.4 1-ヘプタノールの加算因子

分子式	グループ数	ΔT	Δp	ΔV
—CH$_3$	1	0.02	0.227	55
—CH$_2$	6	0.02	0.227	55
—OH	1	0.082	0.06	18

3.2.5 相律

物質の状態には気体，液体，固体があり，それらが混在する系の状態を規定するのに必要な因子の数を**自由度**(degree of freedom)Fという．**成分**(component)の数をC，**相**(phase)の数をPとすると次の関係が成り立つ．

$$F = C - P + 2 \tag{3.7}$$

これを**相律**(phase rule)と呼ぶ．

例として純粋な水と水蒸気が共存している系を考えよう．成分は水のみなので$C = 1$，相の数は気相と液相が共存しているので$P = 2$となる．よって相律より自由度$F = 1$となる．自由度が1ということは一つの因子，すなわち圧力あるいは温度を決めてしまうと，他の因子が決定されることを意味する．したがって温度を定めれば，その物質の蒸気圧は決定され，飽和蒸気では，蒸気圧は温度のみの関数となる．

例題 3.4

水について，50 ページの図 3.5 に示したような三重点の状態をつくりたい．温度および圧力を決定することで，三重点をつくることは可能か．

解 三重点の状態は氷，水，水蒸気が共存するから相の数 $P = 3$ である．

また成分は水だけなので $C=1$ となり，したがって自由度 $F=0$ となる．これは温度や圧力を任意に定めることができないことを意味する．すなわち，三重点は温度と圧力を決定するまでもなく状態図上の一定点である．

3.3 状態方程式

物質の圧力 p，体積 V，温度 T および物質量 n は互いに独立ではなく，これらの間にはある関係がある．その関係を表現する式が**状態方程式**（equation of state）であり，一般に次のように表すことができる．

$$p = p(T, V, n_1, n_2, \cdots, n_i) \tag{3.8}$$

状態方程式は純物質の圧力，体積，温度を計算するだけでなく，種々の物性を予測し，複雑な混合物の組成を予測するためにも利用できる．また広い温度および圧力領域，複雑な混合物へも広く適用できる．状態方程式の活用は化学装置の設計や操作を行ううえで必要となるさまざまな化学物質の物性値を推算する方法として，きわめて有用である．状態方程式については現在でも数多くの研究が行われている．

3.3.1 理想気体の状態方程式

理想気体（ideal gas）の状態方程式は，1662 年に提出された**ボイルの法則**〔Boyle's law．$pV=$（一定）〕と，1787 年および 1807 年に提出された**シャルル・ゲーリュサックの法則**〔Charles-Gay-Lussac's law．$V/T=$（一定）〕より，次式のように表される．

$$pV = nRT \quad \text{あるいは} \quad pV_\mathrm{m} = RT \tag{3.9}$$

ここで p は圧力[Pa]，V は体積[m^3]，V_m はモル体積[m$^3\cdot$mol^{-1}]，T は絶対温度[K]，n は物質量[mol]である．R は気体定数と呼ばれ，$R=8.314$ J$\cdot$K$^{-1}\cdot$mol^{-1} である．この式は分子の体積が無視でき，分子間相互作用が完全に無視できる系に対して成立する．

例題 3.5

1 atm，30 ℃ で酸素を水上置換で捕集したところ，650 cm^3 の気体が得られた．得られた酸素の質量はいくらか．ただし水の蒸気圧は $p_\mathrm{H_2O} = 3.56$ kPa とし，捕集した気体中には酸素と水蒸気のみが存在していたとする．

解 1 atm は 101.325×10^3 kPa であり，そのうち酸素の分圧 $p_\mathrm{O_2}$ は

$(101.325 - 3.56) \times 10^3\,\mathrm{kPa}$ である．この状態の酸素を理想気体とみなし，酸素のみについて考えると式(3.9)より次式が成り立つ．

$$p_{\mathrm{O}_2} V = n_{\mathrm{O}_2} RT$$

したがって，酸素の物質量 n_{O_2} は

$$n_{\mathrm{O}_2} = \frac{p_{\mathrm{O}_2} V}{RT} = \frac{\{(101.325 - 3.56) \times 10^3\} \times \{650/(1.0 \times 10^6)\}}{8.314 \times (273.15 + 30)}$$

$$= 0.025\,\mathrm{mol}$$

酸素のモル質量は $32.0\,\mathrm{g \cdot mol^{-1}}$ だから，酸素の質量は次のように求まる．

$$32.0 \times 0.025 = 0.8\,\mathrm{g}$$

例題 3.6

種々の単位系について，気体定数 R の値を計算せよ．ただし理想気体 1 mol の体積は $0\,\mathrm{°C}$($273.15\,\mathrm{K}$)，$1\,\mathrm{atm}$ で $22.4141\,\mathrm{dm^3}$ とする．

解 おもな圧力の単位は次のように定義されている．

まず $1\,\mathrm{mmHg}$ は密度 $\rho = 13.5951 \times 10^3\,\mathrm{kg \cdot m^{-3}}$ の液体（水銀）の，高さ $1\,\mathrm{mm}$ の柱が重力加速度 $g = 9.80665\,\mathrm{m \cdot s^{-2}}$ のもとにあるときに及ぼす圧力として定義される．この単位は $1\,\mathrm{atm}$ の気体と平衡にあるとき，トリチェリの真空を形成するのに必要な水銀柱の高さが $760\,\mathrm{mm}$($0\,\mathrm{°C}$)であることに由来している．

一方，$1\,\mathrm{Pa}$ は SI 単位であり，$1\,\mathrm{m^2}$ 当り $1\,\mathrm{N}$ の力が働いているときの圧力と定義されている．

すなわち

$$1\,\mathrm{atm} = 760.000\,\mathrm{mmHg} = 101325\,\mathrm{Pa} = 101325\,\mathrm{N \cdot m^{-2}}$$

である．

また，体積について換算すると

$$22.4141\,\mathrm{dm^3} = 22.4141 \times 10^{-3}\,\mathrm{m^3}$$

となる．

気体定数 R は理想気体の状態方程式(3.9)より，次のように表される．

$$R = \frac{pV}{nT}$$

ここで圧力 p，体積 V，温度 T，物質量 n に，それぞれの単位の値を代入すると次のように計算できる．

$$R = \frac{1\,\mathrm{atm} \times 22.4141\,\mathrm{dm^3}}{1\,\mathrm{mol} \times 273.15\,\mathrm{K}} = 8.20 \times 10^{-2}\,\mathrm{atm \cdot dm^3 \cdot K^{-1} \cdot mol^{-1}}$$

$$R = \frac{760\,\mathrm{mmHg} \times 22.4141\,\mathrm{dm^3}}{1\,\mathrm{mol} \times 273.15\,\mathrm{K}} = 62.4\,\mathrm{mmHg \cdot dm^3 \cdot K^{-1} \cdot mol^{-1}}$$

$$R = \frac{1.01325 \times 10^5 \, \text{N·m}^{-2} \times 22.4141 \times 10^{-3} \, \text{m}^3}{1 \, \text{mol} \times 273.15 \, \text{K}}$$

$$= 8.314 \, \text{m·N·K}^{-1} \cdot \text{mol}^{-1} = 8.314 \, \text{J·K}^{-1} \cdot \text{mol}^{-1}$$

使用する単位によって気体定数の値が異なることに注意する．したがって数値計算で使用する気体定数の値は，よく吟味しなければならない．

また RT の単位が J であること，つまり R の単位はエネルギーの単位 J を，絶対温度の単位 K で割ったものであることに注目すること．

なおエネルギーの単位として SI 単位の J ではなく cal を用いると 1 cal = 4.184 J より，$R = 1.987 \, \text{cal·K}^{-1} \cdot \text{mol}^{-1}$ と書ける．

3.3.2 実在気体の状態方程式

(1) ファンデルワールス式

実在気体の挙動を定性的にではあるが，初めて正しく与えた式が**ファンデルワールス式**（van der Waals equation）である．この式は理想気体の状態方程式と異なり，式(3.10)に示すように分子の体積（排除体積）を考慮したサイズパラメータ b と，分子どうしが引き合う効果を表した引力パラメータ a を含んでいる．

$$p = \frac{RT}{V_m - b} - \frac{a}{V_m^2} \tag{3.10}$$

右辺第1項は分子の大きさの寄与を表す斥力項で，右辺第2項は分子間の引力の寄与を表現する引力項と考えることもできる．式(3.10)をある温度 T についてプロットすると，図3.11にみられるような p-V_m-T 関係が得られ

van der Waals
van der Waals はオランダの物理学者(1837～1923)．1873年，気体と液体との連続転移性についての論文を提出し，分子間力を分子論的に考察した．この力がのちにファンデルワールス力と呼ばれるようになった．1877年に理想気体の状態方程式を修正し，実在気体にも適用できる方程式を発表したのは有名であり，1890年には混合気体にもその式を適用した．

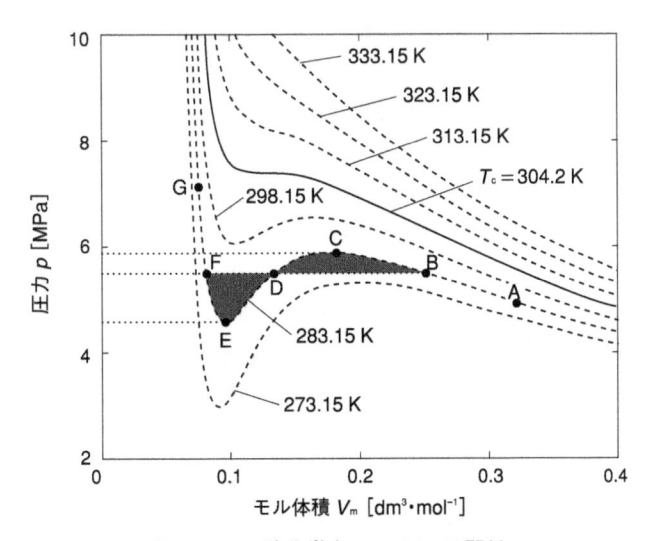

図 3.11 二酸化炭素の p-V_m-T 関係

る．ここで臨界温度以下の等温線は，ある一定のpに対してV_mの三つの解B, D, Fを持ちS字型となる．点Bが気体，点Fが液体の飽和状態に相当する．これらの点は図中グレーで示したように，それぞれの面積が等しくなるように決定される．

ファンデルワールス式を用いるには，パラメータa, bの値を各物質について求める必要がある．状態図の形状から明らかなように臨界点は式(3.10)，すなわちV_mの3次式が重解を与える点である．これから，次の条件が与えられる．

$$\left(\frac{\partial p}{\partial V_m}\right)_{T_c} = 0 \tag{3.11}$$

$$\left(\frac{\partial^2 p}{\partial V_m^2}\right)_{T_c} = 0 \tag{3.12}$$

また，臨界点を通る条件から次が与えられる．

$$p_c = p(T_c, V_c) \tag{3.13}$$

式(3.10)を式(3.11)～(3.13)に代入し，それらを連立して解くとa, bは次のようになる．

$$a = \frac{27R^2 T_c^2}{64 p_c} = 3 p_c V_c^2 = \frac{9 R T_c V_c}{8} \tag{3.14}$$

$$b = \frac{R T_c}{8 p_c} = \frac{V_c}{3} \tag{3.15}$$

これより，各物質の臨界定数からa, bが計算できる．おもな物質の臨界定数を付表6に示す．ただし物質によってはV_cの値が報告されていないこと，またV_cの測定精度はやや劣ることなどから，p_cおよびT_cのデータからa, bを計算することが望ましい．

(2) ファンデルワールス型状態方程式

式(3.10)で示したファンデルワールス式は，実際のデータとの一致は良好とはいえず，高圧の高密度領域においては誤差が著しい．そのため引力項や排除体積の表現を改良する試みが続けられている．

一般に，これらVの3次式を基本とする状態方程式をファンデルワールス型状態方程式と呼んでいる．ファンデルワールス型状態方程式の利点は温度，圧力が指定された場合に，モル体積を解析的に求めることができる点である．欠点としては，広範囲にわたる（とくに高密度，すなわち液体領域などにおける）p-V-T関係を正しく表現できないことがあげられる．しかし取扱いの容易さから，化学装置の組成計算などにはファンデルワールス型状態方程式が利用される場合が多い．以下の①～③に，その代表的なもの

を示す．なお，これらの式の名称はすべて提案者の名にちなんでいる．

① レーリッヒ・ワン式(Redlich-Kwong equation．RK 式)

$$p = \frac{RT}{V_m - b} - \frac{a}{T^{1/2} V_m(V_m + b)} \tag{3.16}$$

$$a = \frac{0.42747 R^2 T_c^{2.5}}{p_c} \tag{3.17}$$

$$b = \frac{0.08664 RT_c}{p_c} \tag{3.18}$$

② ソアベ・レーリッヒ・ワン式(Soave-Redlich-Kwong equation．SRK 式)

$$p = \frac{RT}{V_m - b} - \frac{a\alpha}{V_m(V_m + b)} \tag{3.19}$$

$$\alpha = \{1 + m(1 - T_r^{0.5})\}^2 \tag{3.20}$$

$$m = 0.480 + 1.574\omega - 0.176\omega^2 \tag{3.21}$$

$$a = \frac{0.42747 R^2 T_c^2}{p_c} \tag{3.22}$$

③ ペン・ロビンソン式(Peng-Robinson equation．PR 式)

$$p = \frac{RT}{V_m - b} - \frac{a\alpha}{V_m(V_m + b) + b(V_m - b)} \tag{3.23}$$

$$m = 0.37464 + 1.54226\omega - 0.26992\omega^2 \tag{3.24}$$

$$a = \frac{0.45727 R^2 T_c^2}{p_c} \tag{3.25}$$

$$b = \frac{0.07780 RT_c}{p_c} \tag{3.26}$$

工業的にはファンデルワールス型状態方程式以外に，次の式(3.27)に示すビリアル型状態方程式なども利用されている．

例題 3.7

ビリアル型状態方程式は次式で与えられる．

$$\frac{pV_m}{RT} = 1 + \frac{B}{V_m} + \frac{C}{V_m^2} + \cdots\cdots \tag{3.27}$$

また圧縮因子 Z を次式で定義する．

$$Z = \frac{pV_m}{RT} \tag{3.28}$$

ビリアル型状態方程式とファンデルワールス式を比較し，ファンデルワールス式中の a, b を用いて第二ビリアル係数 B および第三ビリアル係数 C を表せ．

解 ファンデルワールス式は式(3.10)によって，次式のように与えられている．

$$p = \frac{RT}{V_m - b} - \frac{a}{V_m^2}$$

これを式(3.28)に代入し，整理すると次のようになる．

$$Z = \frac{V_m}{RT}\left(\frac{RT}{V_m - b} - \frac{a}{V_m^2}\right)$$

$$= \frac{V_m - b + b}{V_m - b} - \frac{a}{RT}\frac{1}{V_m}$$

$$= 1 - \frac{a}{RT}\frac{1}{V_m} + \frac{b}{V_m - b}$$

$$= 1 - \frac{a}{RT}\frac{1}{V_m} + \frac{b/V_m}{1 - b/V_m}$$

テーラー展開の近似より

$$\frac{1}{1-x} = [1 + x + x^2 + x^3 + \cdots]$$

$$= 1 - \frac{a}{RT}\frac{1}{V_m} + \frac{b}{V_m}\left\{1 + \frac{b}{V_m} + \left(\frac{b}{V_m}\right)^2 + \left(\frac{b}{V_m}\right)^3 + \cdots\right\}$$

$$= 1 + \left(b - \frac{a}{RT}\right)\frac{1}{V_m} + \frac{b^2}{V_m^2} + \frac{b^3}{V_m^3} + \cdots$$

これを式(3.27)と比較して，次式を得る．

$$B = b - \frac{a}{RT}, \quad C = b^2$$

例題 3.8

対臨界値 p_r, V_r, T_r は臨界定数 p_c, V_c, T_c を用いて次式で与えられる．ファンデルワールス式を一般化して，対臨界値で表せ．

$$p_r = \frac{p}{p_c} \tag{3.29}$$

$$V_r = \frac{V}{V_c} \tag{3.30}$$

$$T_r = \frac{T}{T_c} \tag{3.31}$$

解 ファンデルワールス式は式(3.10)に示した通り，次式で与えられる．

$$p = \frac{RT}{V_m - b} - \frac{a}{V_m^2} \tag{3.32}$$

また式(3.14)と(3.15)に示した通り，臨界定数を用いて a, b は次式で与えられる．

$$a = 3p_c V_c^2 \tag{3.33}$$

$$b = \frac{RT_c}{8p_c} = \frac{V_c}{3} \tag{3.34}$$

さて，式(3.32)を以下のように変形する．

$$p + \frac{a}{V_m^2} = \frac{RT}{V_m - b}$$

$$\left(p + \frac{a}{V_m^2}\right)(V_m - b) = RT \tag{3.35}$$

この式(3.35)に式(3.29)〜(3.34)を代入すると，次式となる．

$$\left(p_r p_c + \frac{3p_c V_c^2}{V_c^2 V_r^2}\right)\left(V_c V_r - \frac{V_c}{3}\right) = RT_r T_c \tag{3.36}$$

両辺を p_c, V_c で割り，整理すると

$$\left(p_r + \frac{3}{V_r^2}\right)\left(V_r - \frac{1}{3}\right) = \frac{RT_c}{p_c V_c} T_r \tag{3.37}$$

ここで式(3.34)より，次のように変形できる．

$$\frac{RT_c}{8p_c} = \frac{V_c}{3}$$

$$\frac{RT_c}{p_c V_c} = \frac{8}{3}$$

これを式(3.37)に代入すると，次式を得る．

$$\left(p_r + \frac{3}{V_r^2}\right)\left(V_r - \frac{1}{3}\right) = \frac{8}{3} T_r$$

以上で，対臨界値を用いてファンデルワールス式を表すことができた．

例題 3.9

ファンデルワールス式を用いて，純物質のフガシティーを求めよ．

解 熱力学的基礎式より，純物質のフガシティー f は次式で与えられる．

$$RT \ln \frac{f}{p} = \int_V^\infty \left(\frac{p}{n} - \frac{RT}{V}\right) dV + RT(Z - 1) - RT \ln Z \tag{3.38}$$

また定義より，モル体積は次式となる．

$$V_m = \frac{V}{n}$$

さて，式(3.10)で与えられるファンデルワールス式を変形すると

$$p = \frac{RT}{V_m - b} - \frac{a}{V_m^2} = \frac{RT}{(V/n) - b} - \frac{a}{(V/n)^2}$$

$$= \frac{nRT}{V-nb} - \frac{n^2 a}{V^2} \tag{3.39}$$

ここで式(3.38)に(3.39)を代入する．

$$\begin{aligned}
RT \ln \frac{f}{p} &= \int_v^\infty \left\{ \frac{RT}{V-nb} - \frac{na}{V^2} - \frac{RT}{V} \right\} dV + RT(Z-1) - RT \ln Z \\
&= \left[RT \ln \frac{V-nb}{V} + \frac{na}{V} \right]_v^\infty + RT(Z-1) - RT \ln Z \\
&= -RT \ln \frac{V-nb}{V} - \frac{na}{V} + RT(Z-1) - RT \ln Z \\
&= RT \ln \frac{V_m}{V_m - b} - \frac{a}{V_m} + RT(Z-1) - RT \ln Z
\end{aligned}$$

3.4 粘　度

　前節で臨界定数を求める方法を説明したが，臨界定数がわかれば種々の物性値を推算できる．ここでは一例として，気体の粘度の推算法について述べることにする．**粘度**(viscosity)は，工業装置をつくる場合に重要となる．粘度と温度の相関関係，実験値がない場合の粘度の推算法，粘度に及ぼす圧力の影響の推算法などを簡単に述べる．

　さて，気体の粘度は圧力の影響を大きく受ける．液体の粘度は温度の上昇にともない急激に低下するが，低圧における気体の粘度は温度の上昇とともに増大する．気体分子運動論である**チャップマン・エンスコッグ理論**(Chapman-Enskog theory)により，低圧における気体の粘度 η は次式で表される．

$$\eta = 26.69 \frac{\sqrt{MT}}{\sigma^2 \Omega_v} \tag{3.40}$$

ここで η は気体の粘度 $[\mu\mathrm{P}]$，σ は分子の直径 $[\mathrm{\AA}]$，M は気体の分子量，T は絶対温度 $[\mathrm{K}]$ である．Ω_v は衝突積分であり，次式により求めることができる．

$$\Omega_v = \frac{A}{T^{*B}} + \frac{C}{T^{DT}} + \frac{E}{T^{FT^*}} \tag{3.41}$$

$$T^* = \frac{kT}{\varepsilon} \tag{3.42}$$

$$\frac{k}{\varepsilon} = (0.7915 + 0.0693\omega) T_c \tag{3.43}$$

式(3.43)において ω は偏心因子であり，付表6に示される値を用いる．また，

式(3.41)中の A から F は定数であり，以下の値である．

$A = 1.16145$, $B = 0.14874$, $C = 0.52487$, $D = 0.77320$,
$E = 2.16178$, $F = 2.43787$

気体の粘度には対応状態原理(臨界点からの隔たりから予測する)が成立し，以下に示す相関式から気体の粘度 η を推算できる．無極性気体では

$$\eta\xi = 4.610\,T_r^{0.618} - 2.04\exp(-0.449\,T_r) + 1.94\exp(-4.058\,T_r) + 0.1 \tag{3.44}$$

水素結合を含む極性気体で $T_r < 2$ の場合は

$$\eta\xi = (0.775\,T_r - 0.055)Z_c^{-5/4} \tag{3.45}$$

水素結合のない極性気体で $T_r < 2.5$ の場合は

$$\eta\xi = (1.90\,T_r - 0.29)^{4/5}\,Z_c^{-2/3} \tag{3.46}$$

となる．ここで ξ は次式で表される．

$$\xi = \frac{T_c^{1/6}}{M^{1/2}p_c^{2/3}} \tag{3.47}$$

式(3.47)は対応状態原理による相関式である．また Z_c は臨界点における圧縮因子(臨界圧縮因子)である．

例題 3.10

エチレンの 101 ℃ における粘度を求めよ．ただしエチレンの臨界温度は 282.8 K，臨界圧は 5.11 MPa(50.4 atm)，臨界圧縮因子は 0.28，分子量は 28.05 である．

解 題意より $T_c = 282.8\,\mathrm{K}$，$p_c = 50.4\,\mathrm{atm}$，$M = 28.05$ である．これらを式(3.47)に代入すると

$$\xi = \frac{(282.8)^{1/6}}{(28.05)^{1/2}(50.4)^{2/3}} = 0.0355$$

また式(3.31)より

$$T_r = \frac{101 + 273.15}{282.8} = 1.323$$

エチレンは無極性気体なので，式(3.44)により粘度 η を求めることができる．以上の値を代入すると

$$\eta = \frac{4.610 \times 1.323^{0.618} - 2.04\exp(-0.449 \times 1.323) + 1.94\exp(-4.058 \times 1.323) + 0.1}{0.0355}$$

$$= 125.7 \ \mu P$$

と求まる.

気体の粘度の推算においてさまざまな相関式が提案されているが，低圧における気体の粘度を分子構造から求める方法に，次に示す**ライヘンベルクの方法**（Reichenberg method）がある.

$$\eta = \frac{a^* T_r}{\{1 + 0.36 T_r (T_r - 1)\}^{1/6}} \tag{3.48}$$

ここで a^* はパラメータであり，次式より求められる.

$$a^* = \frac{M^{1/2} T_c}{\sum_i n_i C_i} \tag{3.49}$$

ここで M は分子量，n_i は原子団 i の数，C_i は原子団について決められた加算因子である. 加算因子の例を表3.5に示す.

表3.5 ライヘンベルクの方法における加算因子[3]

原子団	加算因子 C	原子団	加算因子 C
$-CH_3$	9.04	$-Cl$	10.06
$>CH_2$（非環状）	6.47	$-Br$	12.83
$>CH-$（非環状）	2.67	$-OH$（アルコール）	7.96
$>C<$（非環状）	-1.53	$>O$（非環状）	3.59
$=CH_2$	7.68	$>C=O$（非環状）	12.02
$=CH-$（非環状）	5.53	$-CHO$（アルデヒド）	14.02
$>CH=$（非環状）	1.78	$-COOH$（酸）	18.65
$\equiv CH$	7.41	$-COO-$（エステル）または $HCOO$（ギ酸化物）	13.41
$\equiv C-$（非環状）	5.24		
$>CH_2$（環状）	6.91	$-NH_2$	9.71
$>CH-$（環状）	1.16	$>NH$（非環状）	3.68
$>C<$（環状）	0.23	$=N-$（環状）	4.97
$=C-$（環状）	5.90	$-CN$	18.13
$>C=$（環状）	3.59	$>S$（環状）	8.86
$-F$	4.46		

例題3.11

エチルメチルエーテルの80℃における低圧での粘度を求めよ. ただしエチルメチルエーテルの分子量は60.1，臨界温度は437.8 K である.

解 与えられたパラメータの値と，表3.5の値を代入すると，式(3.49)は

$$a^* = \frac{(60.1)^{1/2} \times 437.8}{2 \times 9.04 + 1 \times 6.47 + 1 \times 3.59} = 120.6$$

また式(3.31)より

$$T_{\mathrm{r}} = \frac{80 + 273.15}{437.8} = 0.807$$

以上の値を式(3.48)に代入すると，以下のように粘度 η が求まる．

$$\eta = \frac{120.6 \times 0.807}{\{1 + 0.36 \times 0.807 \times (0.807 - 1)\}^{1/6}} = 98.3\ \mu\mathrm{P}$$

この章のまとめ

　本章では物質の状態と性質，ならびに代表的な物性の予測方法について解説した．環境関連の装置や化学プラントなどの各種システムの設計の際に必要となる物性の推算は，コンピュータの性能向上およびソフトウェアの進歩により簡単な操作で行えるようになっている．しかし種々のソフトウェアで使用されている計算手法は，本書で述べた共通の物理化学の基本原理に基づいており，それらの計算プログラムでは適用条件や種々の仮定が含まれている．したがって市販の物性推算プログラム，プロセスシミュレータなどのソフトウェアを使用する際には，ここで示した物理化学の基本原理を踏まえる必要がある．

　今後，ケミカルエンジニアや環境関連のエンジニアにとって，本章で解説した物性推算の基礎理論とプログラミング能力，ならびにコンピュータを使いこなす能力は必要不可欠なものとなるだろう．

章末問題

1. アントワン式を用いて，水およびエタノールの 50 ℃における蒸気圧を求めよ．ただし，水およびエタノールのアントワン定数は付表 5 の値を用いよ．
2. 圧力鍋について，以下の問に答えよ．
   (a) 耐圧 2 atm の圧力弁が取りつけられている圧力鍋に水を入れる．水が沸騰する温度を計算せよ．ただし水のアントワン定数は付表 5 の値を用いて $A = 16.56989$，$B = 3984.923$，$C = -39.724$ とする．
   (b) 圧力鍋を用いると短時間に調理ができる．この理由を物理化学的に説明せよ．
3. メタンについて，ファンデルワールス式のパラメータ a と b を臨界定数から決定せよ．さらに，その値を用いて 160 K，2.19 MPa におけるメタンの気相ならびに液相におけるフガシティー f^{V} と f^{L} を計算せよ．ただし気相ならびに液相におけるメタンのモル体積は，それぞれ $v^{\mathrm{V}} = 4.30 \times 10^{-4}\ \mathrm{m}^3 \cdot \mathrm{mol}^{-1}$，$v^{\mathrm{L}} = 7.04 \times 10^{-5}\ \mathrm{m}^3 \cdot \mathrm{mol}^{-1}$ とする．
4. SRK 式を用いて純物質のフガシティーを求めよ．
5. エチレンの 80 ℃における粘度を求めよ．この値を例題 3.10 で求めた 101 ℃のときの値と比較し，その意味を考察せよ．

4章 熱力学第一法則と第二法則

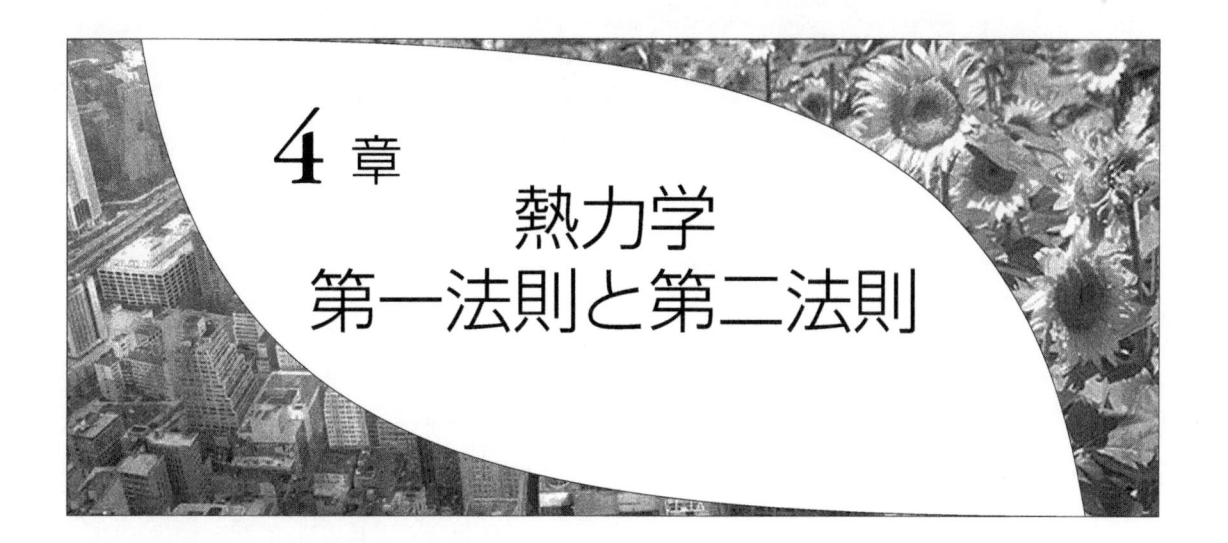

本章ではエネルギーの概念を，熱力学を使って解説する．

まず仕事および熱の概念を理解し，これらの関連からエネルギー保存の法則とも呼ばれる熱力学第一法則を学ぶ．その本質は"エネルギーは形態を変えることはできるが，つくりだされることもなくなることもない"と表現できる．ところで熱力学第一法則は，ある過程がどちらの方向に進むかについては何も示していない．自然に起こる現象は日常よく経験しているように，熱は温度の高いほうから低いほうへと移動するし，異なる気体どうしは互いに拡散して混ざり合う．こういった過程の進む方向を理解するためには，系の始めの状態とその系にかかわる制約を定めれば，必ず期待される変化の方向を予言できるというような関数が必要になる．すなわち系が変化するときには変化し，平衡に達していれば変化しないような関数である．このような関数が1850年，Clausiusによって提案されたエントロピーである．

どのような方向に系が変化するかを知るために，本章の後半ではエントロピーの概念を使った法則，すなわち熱力学第二法則について解説する．

4.1 仕事とは

大きさ F[N]の力によって，ある質点がその力の方向に dr[m]だけ動いたとき，この質点になされた**仕事**(work) dW[J]は次式で定義される．

$$dW = F\,dr \tag{4.1}$$

力の大きさと方向が一定の場合には，質点の最初の位置 r_1 から最後の位置 r_2 までになされた仕事は，次のように積分によって計算される．

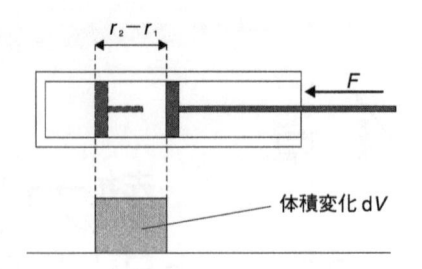

図 4.1 体積変化による仕事

$$W = \int_{r_1}^{r_2} F \, dr = F(r_2 - r_1) \tag{4.2}$$

図 4.1 に断面積 $A[\mathrm{m^2}]$ のピストンによってシリンダー内に閉じこめられた体積 $V[\mathrm{m^3}]$ の気体を示す．ピストンに加わる外圧によってシリンダー内の気体が圧縮されたり，膨張したりする場合に，気体になされる仕事を考えてみよう．まず外側から力 $F[\mathrm{N}]$ を加えるとき，ピストンに加わる外圧 p $[\mathrm{N \cdot m^{-2}}]$ は次式のように表される．

$$p = \frac{F}{A} \tag{4.3}$$

さらに力を加えることによってピストンは左方向に動く．このときの気体の体積変化 $dV[\mathrm{m^3}]$ は，次のように書ける．

$$dV = -A \, dr \tag{4.4}$$

ここで $dr[\mathrm{m}]$ はピストンの動いた距離である．以上より式(4.1)，(4.3)，(4.4)を使って，気体になされた仕事 $dW[\mathrm{J}]$ が次のように表される．

$$dW = F \, dr = pA \, dr = -p \, dV \tag{4.5}$$

ピストンが動くことによって体積が減少するとき dV は負の値となるから，このとき気体になされた仕事 dW は正の値となる．体積が V_1 から V_2 へ変化する間，外圧 p が一定に保たれていれば式(4.5)は容易に積分できて，このとき気体になされた仕事 $W[\mathrm{J}]$ は次式のように表される．

$$W = -\int_{V_1}^{V_2} p \, dV = -p(V_2 - V_1) \tag{4.6}$$

外圧 p がゼロの状態で体積が変化するとき，仕事 W はゼロである．たとえば真空中へ気体が膨張する場合が，このような状況にあてはまる．

例題 4.1

体積 $10\,\mathrm{m^3}$ の気体が一定の外圧 $10^3\,\mathrm{kPa}$ のもとで $5\,\mathrm{m^3}$ にまで圧縮されるとする．このとき気体になされた仕事はいくらか．

解 外圧 p は 10^3 kPa, すなわち 10^6 Pa, また $V_1 = 10\ \text{m}^3$, $V_2 = 5\ \text{m}^3$ であるから, これを式(4.6)に代入して
$$W = 10^6 \times (10-5) = 5 \times 10^6\ \text{J}$$

4.2 熱とは

次に, **熱**(heat)の概念について考えてみよう. 図4.2に示すように, いまカップ(完全に断熱されているものと仮定する)に20℃の水が入っているとする. このなかに100℃に熱した金属球を沈め, 少し時間が経過したのちには水の温度も金属球の温度も30℃の等しい温度になっていたとする. この場合, 金属球から水にエネルギーが移ったと考えられる. このように移動するエネルギーを熱エネルギーと呼び, その過程を**伝熱**(heat transfer), 温度が等しくなった状態を**熱平衡**(thermal equilibrium)に達したという. すなわち熱とは, 系の間に温度勾配が生じたときに移動するエネルギーの一形態である.

物質の温度は, その物質の**内部エネルギー**(internal energy) U に対応する. 内部エネルギーは分子が持つ, さまざまな運動エネルギーの和である. 温度の異なる二つの物質を接触させると, 分子の持つエネルギーは分子衝突などによって伝わっていく. その場合, 大きな内部エネルギーを持ったほうの分子のエネルギーは, 小さな内部エネルギーを持ったほうの分子に伝わる. その結果, 二つの物質の温度が等しくなっていく.

熱エネルギーの移動
熱エネルギーの移動, すなわち伝熱には伝導伝熱, 対流伝熱, 放射伝熱がある. 放射伝熱において, そのエネルギーが熱源の絶対温度の4乗に比例することは, 第5章で説明するエントロピーを用いて証明できる.

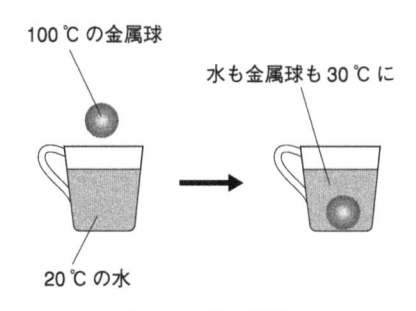

図4.2 熱の移動

例題4.2

298.15 Kの水100 gが入ったビーカ中に, 373.15 Kの100 gの金属塊を入れた. 金属塊と水の温度はいくらになるか計算せよ. ただしビーカや外気に熱は流出しないものとする. また水の熱容量を $4.187 \times 10^3\ \text{J}\cdot\text{kg}^{-1}\cdot\text{K}^{-1}$, 金属の熱容量を $144.0\ \text{J}\cdot\text{kg}^{-1}\cdot\text{K}^{-1}$ とする.

> **解** 求める温度を $T[\mathrm{K}]$ とすると，金属塊の失ったエネルギーは
> $$100 \times 10^{-3} \times 144.0 \times (373.15 - T)\,\mathrm{J}$$
> 一方，水の得たエネルギーは
> $$100 \times 10^{-3} \times 4.187 \times 10^3 \times (T - 298.15)\,\mathrm{J}$$
> である．これらが等しいから，$T = 300.6\,\mathrm{K}$ である．

4.3 熱力学第一法則

まず，閉じた系を定義しよう．閉じた系とは図 4.3 に模式的に示したように，エネルギーの通過は許すが，質量のある粒子は通さない境界で囲まれた系である．境界を通して，この系に周囲から仕事 W，熱 Q を与えると，これらによってこの系の内部エネルギー U に ΔU という変化が生じる．このとき，以下の関係が成り立つ．

$$\Delta U = Q + W \tag{4.7}$$

これが**熱力学第一法則**(the first law of thermodynamics)の数学的表現であり，またこの法則は**エネルギー保存の法則**(energy balance)と呼ばれる．ここで，Q と W の符号に注意する必要がある．系からみてエネルギーが得をする場合を正，損をする場合を負とする．

さて，式(4.7)を微分形で表すと次のようになる．

$$\mathrm{d}U = \mathrm{d}Q + \mathrm{d}W \tag{4.8}$$

ここで $\mathrm{d}U$，$\mathrm{d}Q$，$\mathrm{d}W$ は同じように書かれているが，数学的には同じ性質の関数ではない．

$\mathrm{d}U$，$\mathrm{d}V$，$\mathrm{d}T$ といった**状態関数**(state function) U, V, T の微分は**完全微分**(complete differential calculus)と呼ばれ，その積分の値は系の始めの状態 1 と終わりの状態 2 だけで決まる．すなわち，その途中の経路を知る必要はないのである．

$$\Delta U = \int_1^2 \mathrm{d}U = U_2 - U_1 \tag{4.9}$$

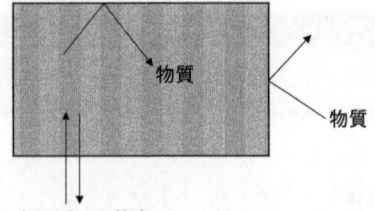

図 4.3 閉じた系　エネルギーや仕事

これに対して，Q や W は状態関数ではない．したがって積分の値は始めの状態から終わりの状態までの経路によって異なってくる．

しかし，次のことに注意しなければならない．すなわち dQ と dW は完全微分ではないが，その和 $dQ + dW$ は完全微分である dU と常に等しく，状態関数 U が定義されるのである．このことは重要な意味を持つ．

4.4 定容過程および定圧過程における内部エネルギー

ここでは仕事として体積仕事を考える．体積仕事とは，膨張や圧縮による仕事のことである．さて，いま体積一定の密閉された容器に気体を封入し，加熱もしくは冷却をする過程を考えよう．体積変化がないことから

$$dW = -p\,dV = 0$$

となり，熱力学第一法則は次のように表される．

$$\Delta U = Q \tag{4.10}$$

すなわち系が受けとる熱量は，すべて内部エネルギーを増加させることに使われ，また内部エネルギーが減少すると，その分だけ熱として放出されることになる．

物体の温度を1Kだけ上昇させるのに必要な熱量を**熱容量**(heat capacity)という．また物質の1 mol当りの熱容量を**モル熱容量**(molar heat capacity)といい，体積一定の場合のモル熱容量を**定容モル熱容量**(molar heat capacity at constant volume)，圧力一定の場合のモル熱容量を**定圧モル熱容量**(molar heat capacity at constant pressure)という．

定容モル熱容量 C_V は，次式で与えられる．

$$C_V = \left(\frac{dQ}{dT}\right)_V = \left(\frac{dU}{dT}\right)_V \tag{4.11}$$

これより

$$dU = C_V\,dT \quad \text{または} \quad \Delta U = \int_{T_1}^{T_2} C_V\,dT \tag{4.12}$$

式(4.12)により体積一定のとき，内部エネルギーが温度によってどのように変化するかを求めることができる．

次に定圧過程を考えてみよう．化学反応をはじめ多くの状態変化は圧力一定のもとで行われることが多いので，これは実際的な取扱いといえる．定圧変化は，体積変化の仕事と内部エネルギー変化とが同時に起こることを意味

している．熱力学第一法則を表す式(4.8)に式(4.5)を代入すると，次式が得られる．

$$dQ = dU + p\,dV \tag{4.13}$$

定圧過程ではpは一定であるから，次式が成り立つ．

$$dQ = d(U + pV) \tag{4.14}$$

$U + pV$ は内部エネルギー変化と体積変化の仕事を同時に表す定圧過程に特有の状態量であり，これを新たに**エンタルピー**(enthalpy)Hと定義する．

$$H = U + pV \tag{4.15}$$

これより，式(4.14)は次のように表すことができる．

$$dQ = dH \tag{4.16}$$

また，この式を積分形で表現すると次式となる．

$$Q = \int_1^2 dH = H_2 - H_1 = \Delta H \tag{4.17}$$

これは，たとえば圧力一定のもとで液体を加熱すると，加えた熱量の分だけ系のエンタルピーが増加することを意味している．また圧力一定のもとで液体を蒸発させ蒸気とするために必要な熱量は，蒸気のエンタルピーと液体のエンタルピーの差に等しい．

ところで定圧モル熱容量 C_P は，熱量 Q またはエンタルピー H を用いて次式のように表される．

$$C_P = \left(\frac{dQ}{dT}\right)_p = \left(\frac{dH}{dT}\right)_p \tag{4.18}$$

これより圧力一定のときの，温度変化 dT によるエンタルピー変化 dH は次式で与えられる．

$$dH = C_P\,dT \quad \text{または} \quad \Delta H = \int_{T_1}^{T_2} C_P\,dT \tag{4.19}$$

物質 1 kg 当りの熱容量を**比熱容量**(specific heat capacity)または**比熱**(specific heat)と呼んでいる．比熱容量 c [J・kg^{-1}・K^{-1}] を用いると，質量 m [kg] の物質を温度 t_1 [K] から t_2 [K] に変化させるのに必要なエネルギー Q [J] は次式で与えられる．

$$Q = mc(t_2 - t_1) \tag{4.20}$$

例題 4.3

体積一定の条件で水蒸気 10 mol を 373.2 K から 473.2 K まで加熱する。このときの内部エネルギー変化はいくらか。ただし定容モル熱容量 C_V は 26.43 J·mol^{-1}·K^{-1} で，一定とせよ。

解 内部エネルギー変化 ΔU は式(4.12)より，n を物質量として
$$\Delta U = nC_V(T_2 - T_1) = 10 \times 26.43 \times (473.2 - 373.2)$$
$$= 2.6 \times 10^4 \text{ J}$$

例題 4.4

$-30\,°\text{C}$ の氷が 15 g ある。これを熱して 20 °C の水にするために必要な熱量はいくらか。ただし氷および水の比熱容量は 2094 および 4187 J·kg^{-1}·K^{-1} とし，0 °C の氷を溶かして 0 °C の水にするために必要な熱量（融解熱）は 1 kg 当り 335 kJ とする。

解 $-30\,°\text{C} = 243.15$ K の氷を $0\,°\text{C} = 273.15$ K の氷にするために必要な熱量は

$$(273.15 - 243.15) \times 2094 \times 0.015 = 942.3 \text{ J}$$

0 °C = 273.15 K の水を 20 °C = 293.15 K の水にするために必要な熱量は

$$(293.15 - 273.15) \times 4187 \times 0.015 = 1256.1 \text{ J}$$

0 °C の氷を溶かして 0 °C の水にするために必要な熱量は

$$335000 \times 0.015 = 5025 \text{ J}$$

よって，求めるべき熱量は次のようになる。

$$942 + 1256 + 5025 = 7223 \text{ J}$$

例題 4.5

理想気体において次の関係

$$C_P - C_V = nR$$

が成り立つことを示せ。ただし n は物質量[mol]である。

解 まず，式(4.11)と(4.18)から次の関係が成り立つ。

$$C_P - C_V = \left(\frac{\partial H}{\partial T}\right)_p - \left(\frac{\partial U}{\partial T}\right)_V \tag{4.21}$$

エンタルピーの定義式(4.15)を式(4.21)に代入すれば

$$C_P - C_V = \left(\frac{\partial (U + pV)}{\partial T}\right)_p - \left(\frac{\partial U}{\partial T}\right)_V \tag{4.22}$$

$$= \left(\frac{\partial U}{\partial T}\right)_p + \left(\frac{\partial}{\partial T}(pV)\right)_p - \left(\frac{\partial U}{\partial T}\right)_V \tag{4.23}$$

さて，ここで内部エネルギー U を T と V の関数とし，全微分すると次

式が得られる．

$$dU = \left(\frac{\partial U}{\partial V}\right)_T dV + \left(\frac{\partial U}{\partial T}\right)_V dT \tag{4.24}$$

上式の両辺を圧力 p が一定であるとして整理すると

$$\left(\frac{\partial U}{\partial T}\right)_p = \left(\frac{\partial U}{\partial V}\right)_T \left(\frac{\partial V}{\partial T}\right)_p + \left(\frac{\partial U}{\partial T}\right)_V \tag{4.25}$$

この式(4.25)を(4.23)に代入すると，次式のようになる．

$$C_P - C_V = \left(\frac{\partial U}{\partial V}\right)_T \left(\frac{\partial V}{\partial T}\right)_p + \left(\frac{\partial (pV)}{\partial T}\right)_p = \left\{\left(\frac{\partial U}{\partial V}\right)_T + p\right\}\left(\frac{\partial V}{\partial T}\right)_p \tag{4.26}$$

ところで式(4.11)より，理想気体の内部エネルギー U は温度 T のみの関数であり，体積 V によらないので次式が成り立つ．

$$\left(\frac{\partial U}{\partial V}\right)_T = 0 \tag{4.27}$$

また理想気体の状態方程式(3.9)より，次式が成り立つ．

$$V = \frac{nRT}{p} \tag{4.28}$$

これより

$$\left(\frac{\partial V}{\partial T}\right)_p = \frac{nR}{p} \tag{4.29}$$

式(4.26)に式(4.27)，(4.29)を代入すると次のようになり，与えられた関係が示せた．

$$C_P - C_V = nR \tag{4.30}$$

なお 1 mol については $n = 1$ として，次のようになる．

$$\overline{C}_P - \overline{C}_V = R \tag{4.31}$$

例題 4.6

理想気体の等温膨張による仕事を表す式を導け．

解 いま，ある気体が外圧 p に抗して微小体積 dV だけ膨張するものとする．このとき気体になされた仕事 dW は

$$dW = -p\,dV \tag{4.32}$$

と表される．理想気体 1 mol をとり，これを一定温度 T に保ちながら，体積 V_1 から V_2 まで膨張させるときの気体がされる仕事を考えると，理想気体はボイルの法則に従うから p は V に反比例し，p-V の関係は図 4.4 のように双曲線に沿って変化する．V_1 から V_2 までの仕事量 W は，微小量の仕事 dW の総和となるから，式(4.32)より次式で表される．

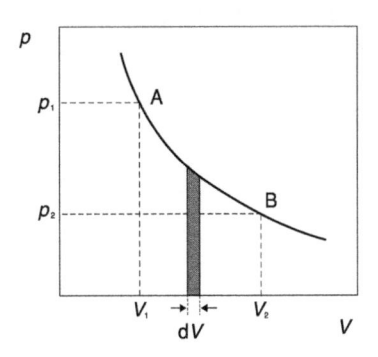

図 4.4　等温膨張による仕事

$$W = -\int_{V_1}^{V_2} p\,dV \tag{4.33}$$

理想気体 1 mol に対する状態方程式を温度一定として，式(4.33)に代入すれば

$$W = -RT\int_{V_1}^{V_2}\frac{dV}{V} = -RT\left[\ln V\right]_{V_1}^{V_2} = -RT(\ln V_2 - \ln V_1)$$

$$= -RT\ln\frac{V_2}{V_1} \tag{4.34}$$

ここで $p_1 V_1 = p_2 V_2$ の関係を用いれば，次式のようにも表される．

$$W = -RT\ln\frac{p_1}{p_2} \tag{4.35}$$

例題 4.7

理想気体の断熱変化において
　　$pV^\gamma =$ (一定)
となることを証明せよ．ただし $\gamma = C_\mathrm{P}/C_\mathrm{V}$ とする．

解　断熱変化であるから $dQ = 0$ であり，式(4.13)と(4.12)から次式が得られる．

$$dQ = C_\mathrm{V}\,dT + p\,dV = 0 \tag{4.36}$$

また，理想気体の状態方程式 $pV = RT$ の両辺の微分をとると

$$p\,dV + V\,dp = R\,dT \tag{4.37}$$

式(4.36)と(4.37)から dT を消去すると，以下のようになる．

$$\frac{p\,dV + V\,dp}{R} = -\frac{p\,dV}{C_\mathrm{V}} \tag{4.38}$$

$$(C_\mathrm{V} + R)p\,dV + C_\mathrm{V}V\,dp = 0 \tag{4.39}$$

$$C_\mathrm{P}\,p\,dV + C_\mathrm{V}V\,dp = 0 \tag{4.40}$$

式(4.40)を $C_\mathrm{V}pV$ で割り，整理すると

$$\frac{C_P}{C_V}\frac{dV}{V} + \frac{dp}{p} = 0 \tag{4.41}$$

ここで $C_P/C_V = \gamma$ とすると

$$\gamma\frac{dV}{V} + \frac{dp}{p} = 0 \tag{4.42}$$

γ を一定として積分すると

$$\gamma\int\frac{dV}{V} + \int\frac{dp}{p} = \ln K \tag{4.43}$$

ここで K は積分定数である．式(4.43)を整理して

$$\gamma \ln V + \ln p = \ln K$$
$$\ln pV^\gamma = \ln K$$
$$pV^\gamma = K \tag{4.44}$$

ゆえに $pV^\gamma =$ （一定）であることが示せた．

4.5 熱力学第二法則

前節において，系と外界の全エネルギーは常に一定であることを学んだ．たとえば，図4.2に示した例をもう一度考えてみよう．冷水の入ったカップに熱した金属球を入れた場合，水は温まり，金属球は冷え，最後に両者は同じ温度になる．この場合に体積変化がないと仮定すれば，水に移った熱がそのまま水の得た内部エネルギーとなり，それは金属球の失ったエネルギーに等しい．ところでもし，この変化が逆向きに起こって，同じ温度の水と金属球から冷水と熱い金属球が得られたとしても，熱力学第一法則とは矛盾しない．しかし，そのような現象は決して観察されない．このことは自然界において，現象が起こる方向を決定する別の法則があることを暗示するのではないだろうか．

4.5.1 熱機関

自動車のエンジンに燃料を供給し燃焼させると，自動車を動かすエネルギーを得ることができる．では，どのようにして熱がエネルギーに変わるのだろうか．

まず，水力発電を考えてみよう．これはダムに蓄えた水を落下させて水車を回転させ，発電機から電気エネルギーを取りだす仕組みになっている．つまり水の位置エネルギーが高い状態から低い状態へ自然に変化するときに，その一部を電気エネルギーとして取りだしているのである．自動車のエンジンのような**熱機関**（heat engine）と呼ばれる仕組みは同じ原理ではないが，

熱機関
熱機関とは，燃料を燃焼させるなどして高温の熱を発生させ，これにより仕事を取りだす装置である．残りの熱は外界（熱源よりも温度は低い）に捨てられる．

水力発電と比較すると理解しやすい.

いま,高温の熱源と低温の熱源があったとする.熱は高温側から低温側へ自発的に流れるが,このとき,ある仕掛けをすれば移動する熱の一部を仕事に変えることが可能である.たとえば,温度変化による気体の膨張や収縮をうまく利用すれば体積仕事が得られる.このときの熱と仕事の出入りを図4.5に示す.ここで図(a)のなかの矢印をすべて逆向きにすれば,仕事を与えることによって低温熱源から高温熱源へ熱を汲み上げることが可能になる.先ほどのダムの例にあてはめれば,夜間の余剰電力を使ってポンプを動かし,水をダムの下からダム湖へ汲み上げることに類似している.このような仕組みをヒートポンプと呼ぶ.

熱機関においてはどのようにしても,高温熱源から受け取った熱のすべてを仕事に変えることはできない.これは技術的な問題ではなく,起こりえないということである.ただしカルノー機関と呼ばれる"理想的な"熱機関を利用すると,最大の効率で熱を仕事に変換することができる.カルノー機関は図4.6(a)に示すように,高温熱源 T_1 から熱 Q_1 をもらって仕事 W をし,低温熱源 T_2 に熱 Q_2 を与える可逆機関であり,(b)に示すようなAからBへの等温可逆膨張,BからCへの断熱可逆膨張,CからDへの等温可逆圧縮,DからAへの断熱可逆圧縮からなる.これをカルノーサイクル(Carnot's cycle)と呼ぶ.このときの効率 η を,受け取った熱のうち仕事に変えることができた割合と定義すれば

$$\eta = \frac{W}{Q_1} \tag{4.45}$$

となる.

ヒートポンプ
第1章で説明したように,ヒートポンプの仕組みはエアコンや冷蔵庫に応用されている.

Carnot
19世紀フランスの物理学者.28歳で「火の動力とこの力を発現させるのに適した機械に関する考察」という論文を発表したが,36歳で悲劇的な死を遂げた.

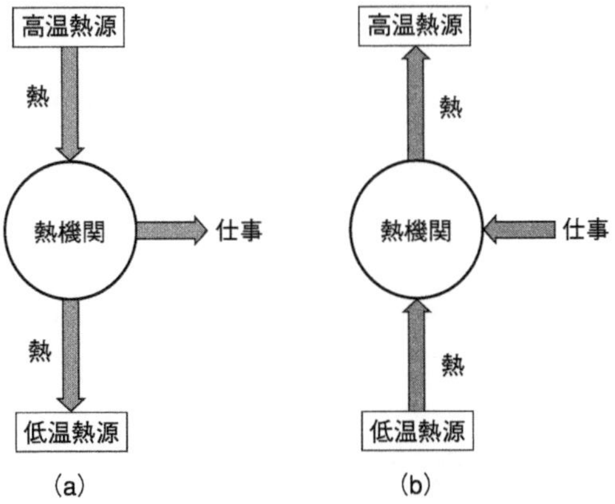

図 4.5 熱機関による熱から仕事への変換,および仕事による熱の汲上げ

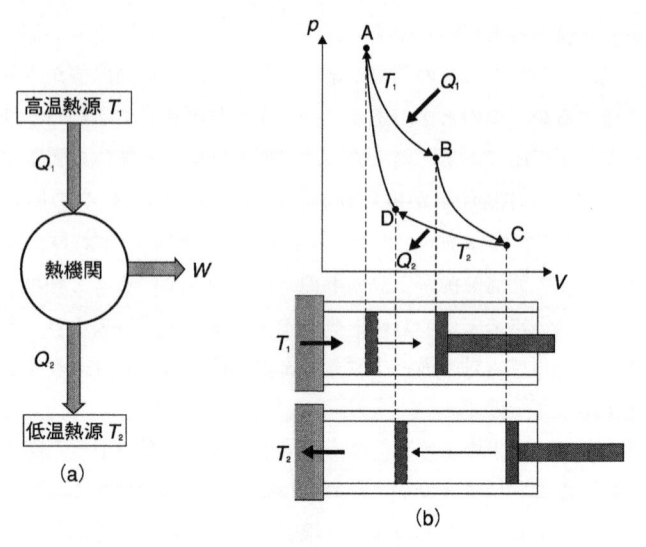

図 4.6　カルノーサイクル

4.5.2　可逆過程と不可逆過程

ある系が状態 A から状態 B に変化したとき，この変化を逆向きに進めて系の状態を始めの状態 A に戻しても，外界に何の変化も残さないならば，この A から B への変化の過程を**可逆過程**(reversible process)と呼ぶ．そうでない場合を**不可逆過程**(irreversible process)と呼ぶ．たとえば図 4.1 で示したピストンの運動において，ピストンとシリンダーの間に摩擦があり，その摩擦熱が系外に放出される場合には，その熱は回収できないので，この過程は不可逆過程となる．逆に摩擦などが無視でき，系外に何の変化も残さないならば，その過程は可逆過程とみなせる．

熱力学第一法則を数学的に表現した式(4.8)は，可逆過程でも不可逆過程でも，熱や仕事が閉じた系に移る場合には成立する．この変化が可逆過程で起こった場合には，そのことをはっきり示すために Q, W に下つきの添字 rev をつけて次式のように書く．

$$dU = dQ_{\text{rev}} + dW_{\text{rev}} \tag{4.46}$$

圧力 p が一定の場合には，式(4.5)より dW_{rev} は次のようになる．

$$dW_{\text{rev}} = -p\,dV \tag{4.47}$$

よって可逆的な仕事の微分量 dW_{rev} と体積の変化量 dV の関係は次式で与えられる．

$$\frac{\mathrm{d}W_{\mathrm{rev}}}{-p} = \mathrm{d}V \tag{4.48}$$

ここで$\mathrm{d}W_{\mathrm{rev}}$は先に示したように完全微分ではないが，圧力$-p$で割ることで，体積$V$という状態関数の完全微分になっている．そこで$-1/p$を可逆的な仕事の要素に対する積分因子と呼ぶ．式(4.46)と(4.47)から次式が得られる．

$$\mathrm{d}U = -p\,\mathrm{d}V + \mathrm{d}Q_{\mathrm{rev}} \tag{4.49}$$

次には，可逆的な熱の移動について，同様に積分因子が何であるかを考えてみることにする．

熱の移動についての因子が温度に他ならないことは理解できよう．ここで新たに**エントロピー**(entropy)Sという状態関数を用いて完全微分とするなら，次式が成立する．

$$\frac{\mathrm{d}Q_{\mathrm{rev}}}{T} = \mathrm{d}S \tag{4.50}$$

式(4.50)がエントロピー変化の定義である．エントロピー変化$\mathrm{d}S$は，可逆的に状態を変化させたときに移動する熱量$\mathrm{d}Q_{\mathrm{rev}}$を絶対温度$T$で割ったものである．

さて式(4.49)は式(4.50)を用いて整理すると次式となる．

$$T\,\mathrm{d}S = \mathrm{d}U + p\,\mathrm{d}V \tag{4.51}$$

この式は熱力学第一法則と第二法則とが結びつけられた，熱力学において最も重要な式の一つである．この式を用いれば第3章で述べたように，蒸気圧の式を理論的に導出するなど種々の理論式の導出が可能となる．

4.6 エントロピーの統計力学的表現

エントロピーSは，統計力学におけるボルツマンの関係より，次式で計算できる．

$$S = k \ln W \tag{4.52}$$

ここでkは**ボルツマン定数**(Boltzmann constant)であり，Wは溶液の並び方などの確率を表す．

たとえばFloryによる高分子溶液理論によると，高分子を溶解した溶液において，溶液の並び方の確率は次式で与えられる．

> **エントロピー**
> エントロピーをひとことでいうと，分子配置の乱雑さの尺度ということができる．

$$W = \left(\frac{z-1}{e}\right)^{(r-1)N_2}\left(\frac{1}{2^{N_2}}\right)\frac{(N_1+rN_2)^{N_1+N_2}}{N_1^{N_1}N_2^{N_2}} \tag{4.53}$$

ただし N_1 および N_2 は高分子および溶媒分子の数，r は高分子 1 個当りのセグメントの数（高分子の長さ），z は分子が周囲に位置する配位数である．式(4.53)を(4.52)に代入することで高分子溶液のエントロピーを計算でき，さらに平衡状態の組成も計算できる．

例題 4.8

0 ℃ の氷 1.0 g が溶けて，同温度の水になるときのエントロピーの増加量を求めよ．ただし，氷の融解熱を 334 J·g^{-1} とする．

解 固体が溶けて液体になる，あるいは液体が気体になるといった，いわゆる相変化においては温度 T が一定に保たれるため $T =$（一定）として積分でき，エントロピーの計算は簡単になる．いまエントロピーの変化量を ΔS とすると，相変化においては次式が成り立つ．

$$\Delta S = \int_1^2 \frac{dQ}{T} = \frac{1}{T}\int_1^2 dQ = \frac{\Delta Q}{T}$$

ここで，ΔQ は相変化の際の潜熱である．

問題で与えられた 1 g の水の場合には以下のようになる．

$$\Delta S = \frac{\Delta Q}{T} = 1\times\frac{334}{273} = 1.22 \text{ J·K}^{-1}$$

これが求めるエントロピーの増加量である（これを氷の融解エントロピーと呼ぶ）．つまり 0 ℃ の水は 0 ℃ の氷より，1.0 g につき 1.2 J·K^{-1} だけエントロピーが多いことになる．

例題 4.9

1 mol の二酸化炭素 CO_2 を 0 ℃ から 100 ℃ に熱したときのエントロピーの増加量を求めよ．ただし CO_2 の定圧モル熱容量 C_P [J·mol^{-1}·K^{-1}] は次式で与えられる．

$$C_P = 19.8 + 7.43\times 10^{-2}T - 5.60\times 10^{-5}T^2$$

解 圧力一定のもとでの理想気体のエントロピー変化 ΔS は，定圧モル熱容量を C_P として以下で与えられる．

$$\Delta S = \int_{T_1}^{T_2} C_P \frac{dT}{T}$$

したがって，いまの場合には

$$\Delta S = \int_{273}^{373}(19.8 + 7.43\times 10^{-2}T - 5.60\times 10^{-5}T^2)\frac{dT}{T}$$

$$= 19.8\left[\ln T\right]_{273}^{373} + 7.43\times 10^{-2}\left[T\right]_{273}^{373} - 5.60\times 10^{-5}\left[\frac{T^2}{2}\right]_{273}^{373}$$

$$= 19.8\ln\frac{373}{273} + 7.43\times 10^{-2}(373-273)$$

$$\qquad\qquad - \frac{5.60\times 10^{-5}}{2}(373^2 - 273^2)$$

$$= 11.7\ \mathrm{J\cdot K^{-1}}$$

4.7 熱化学

化学反応には熱が発生する発熱反応や，熱を吸収する吸熱反応がある．ここでは反応熱をエンタルピーの変化で表してみよう．

まず，次のような反応を考える．

$$aA + bB \longrightarrow cC + dD \tag{4.54}$$

この反応の反応熱 Q は熱力学第一法則を表す式(4.7)から次式のように示される．

$$Q = \Delta U - W \tag{4.55}$$

圧力一定のもとで反応が起こり，仕事 W は体積変化によるものだけであるとすれば，式(4.55)と(4.17)より，次式が成り立つ．

$$Q = \Delta U + p\Delta V = \Delta H \tag{4.56}$$

ΔH は，生成物と反応物の間のエンタルピー変化を表す．多くの化学反応は圧力一定のもとで起こるので，エンタルピー変化が反応熱に相当する．

式(4.54)で表される反応において，反応熱 ΔH_r は次式によって与えられる．

$$\Delta H_r = (cH_C + dH_D) - (aH_A + bH_B) \tag{4.57}$$

ここで H_A, H_B, H_C, H_D はそれぞれ物質 A, B, C, D の 1 mol 当りのエンタルピーである．図4.7からわかるように，ΔH_r が負の場合は反応において熱が放出されており，その反応は発熱反応である．逆に ΔH_r が正の場合は反応において熱を吸収しており，その反応は吸熱反応となる．

ところで上に述べた各物質のエンタルピーの量は絶対的に求めることはできず，変化量のみが測定可能である．そこで298.15 K，標準状態において，元素から化合物が 1 mol 生成するときのエンタルピー変化，すなわち標準生成熱を定義し，これを用いて，反応が標準状態で起こる場合の反応熱，つま

エンタルピーの変化
熱の符号が，熱化学方程式と逆の印象を受けるかもしれないので注意してほしい．

エンタルピー変化と反応熱
ΔH ではなく，内部エネルギー変化 ΔU を使おうとすると，反応における体積変化 ΔV も計算に含めなければならなくなるので，反応熱を求めることが面倒になる．

反応熱
エンタルピーは状態量であるから，変化の経路によらず同じ値となる．したがって298.2 K 以外の温度で反応が起こる場合には，反応熱は次のように計算できる．すなわち温度 T での反応の定圧反応熱を求めるには，温度 T から 25 ℃ への温度変化による反応物のエンタルピー変化，25 ℃ での反応によるエンタルピー変化，生成物が 25 ℃ から T まで温度変化する際のエンタルピー変化の三者を加え合わせればよい．

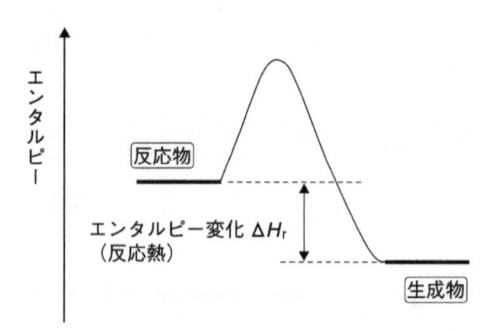

図 4.7 反応によるエンタルピー変化

り標準反応熱を求めることを考える．元素については 25 ℃，標準状態で安定なかたちの元素のエンタルピーをゼロとする．たとえば酸素と窒素は，この条件で O_2 と N_2 の状態で安定であるので，O_2 と N_2 のエンタルピーがゼロとなる．式(4.57)は，それぞれの物質の標準生成熱 $\Delta H_{f,A}$, $\Delta H_{f,B}$, $\Delta H_{f,C}$, $\Delta H_{f,D}$ を使って次のように表される．

$$\Delta H_r = (c\Delta H_{f,C} + d\Delta H_{f,D}) - (a\Delta H_{f,A} + b\Delta H_{f,B}) \tag{4.58}$$

標準生成熱以外にも，標準燃焼熱からも標準反応熱を求めることができる．これらの熱についてのデータは便覧などにまとめられている．

例題 4.10

グルコースの酸化反応は次式で表すことができる．
$$C_6H_{12}O_6(aq) + 6\,O_2(g) \longrightarrow 6\,H_2O(l) + 6\,CO_2(g)$$
298.2 K におけるエンタルピー変化を求めよ．ただし，それぞれの物質の 298.2 K における標準生成熱は，$C_6H_{12}O_6(aq)$ が $-1263.0\,kJ\cdot mol^{-1}$，$H_2O(l)$ が $-285.8\,kJ\cdot mol^{-1}$，$CO_2(g)$ が $-393.5\,kJ\cdot mol^{-1}$ である．なお，ここで(aq)，(g)，(l)はそれぞれ水溶液，気体，液体であることを表す．

解 式(4.58)より
$$\Delta H = \{6\times(-285.8) + 6\times(-393.5)\} - \{1\times(-1263.0) + 6\times 0\}$$
$$= -2812.8\,kJ$$

この章のまとめ

環境にやさしい技術を生みだすエンジニアにとって，本章で述べた熱力学は，有力な道具の一つになっている．たとえば吸収，蒸留といった反応器および分離装置などの設計において，それぞれのプロセスで必要とされる熱と仕事の関係は熱力学第一法則によって表現できる．また第二法則によって，

エネルギーを変換する際の理論的な効率を求めることができる．さらに，いくつかの物質が共存する際の安定な状態（平衡状態）を知るためにも熱力学が必要となる．

このように熱力学の適用範囲は広い．そのためにもまず，基本となる熱力学の法則，用語などについて十分に学習しておく必要がある．

■━━━━━ 章末問題 ━━━━━■

1. わが国のエネルギー消費量は1年当り，およそ2.3×10^{16} kJに相当する．さて，いま直径2 kmの小惑星が速度20 km·s^{-1}で地球に衝突したとする．小惑星の運動エネルギーは，わが国の年間エネルギー消費量の何倍に相当するか．ただし小惑星を密度3000 kg·m^{-3}の球体とする．

2. 300 K，1 molの理想気体を，200 kPaの一定外圧に対して体積1 m^{3}から2 m^{3}へ等温膨張させた．この過程において気体になされた仕事W，加えられた熱量Q，エンタルピー変化ΔH，内部エネルギー変化ΔUを求めよ．

3. 温度27 ℃の空気を圧力1 atmから0.8 atmまで断熱膨張させた．このとき温度は何℃まで下るか．また体積は何倍になるか．

4. いま関東地区のみで国内のエネルギーを80％消費していると考える．このとき関東地区の年間エネルギー消費量は1.8×10^{16} kJとなる．1日当りに消費されるエネルギーから排出される熱で，関東の人口集中地区の空気を暖めたとすると，温度はどれだけ上昇するか．ただし人口集中地区の面積を5000 km^{2}とし，厚さは30 mと考える．また，空気の定圧モル熱容量は29.1 J·mol^{-1}·K^{-1}とする．

5. 蒸気機関を403.15 Kと303.15 Kの間で運転した．高温熱源から1000 kJの熱を受けとったとき，どれだけの仕事ができるか．

6. いま電力1000 Wの電気ストーブを用いて部屋を暖房し，室温を298.15 Kに保っている．1時間当り，部屋に供給されている熱量はどれだけか．また同じだけの暖房を行うために，カルノー機関を逆向きに運転させるヒートポンプを使うとすると，必要な電力はいくらになるか．ただし外気温を283.15 Kとする．なお図4.6に示したようなカルノーサイクルでは次の関係

$$\frac{Q_1}{Q_2} = \frac{T_1}{T_2}$$

が成り立つ．

7. 101.325 kPa，273.15 Kにおいて，氷が融解する場合のエントロピー変化を求めよ．ただし氷の融解熱は6008 J·mol^{-1}とする．

8. メタンの酸化反応は次式で表される．

$$CH_4 + 2 O_2 \longrightarrow CO_2 + 2 H_2O$$

298.2 Kにおけるエンタルピー変化を求め，この温度において，これが発熱反応であることを確認せよ．ただしCH_4，CO_2，$H_2O(l)$の標準生成熱をそれぞれ-74.85，-393.52，-285.83 kJ·mol^{-1}とする．

9. アンモニア 1 mol を 273.15 K から 423.15 K に熱したときのエントロピーの増加量を求めよ．ただしアンモニアの定圧モル熱容量 $C_\mathrm{P}[\mathrm{J \cdot K^{-1} \cdot mol^{-1}}]$ は以下のように示される．

$$C_\mathrm{P} = 27.31 + 23.83 \times 10^{-3} T + 1.707 \times 10^{-5} T^2 - 1.185 \times 10^{-8} T^3$$

10. 理想気体のエントロピー変化とモル熱容量との関係を求めよ．

11. 理想気体の断熱変化において
$$TV^{\gamma-1} = (一定), \quad Tp^{\gamma/(\gamma-1)} = (一定)$$
となることを証明せよ．

12. カルノー機関の効率 η が
$$\eta = \frac{T_1 - T_2}{T_1}$$
と表されることを証明せよ．ただし T_1, T_2 をそれぞれ高温熱源，低温熱源の温度とする．

5章 自由エネルギーと平衡

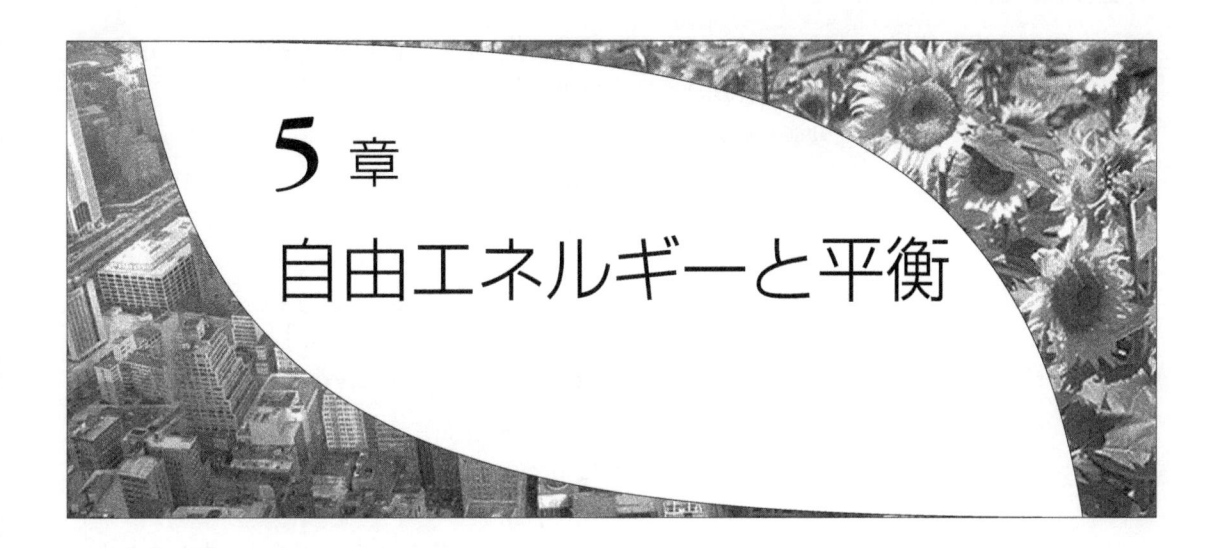

　燃料電池など，水素をエネルギー源としたシステムが注目されていることは第1章で解説した．ところで，水素はどのようにつくればよいのだろうか．水を電気分解すれば酸素と水素が生成するが，触媒反応の利用や温度を上げることによって，水から水素を製造することはできるのだろうか．

　本章では，反応がどちらの方向にどこまで進むのかといった化学反応と関係する安定な熱力学的状態つまり**化学平衡**(chemical equilibrium)と，反応をともなわず，組成が異なる系が共存する**相平衡**(phase equilibrium)について説明する．

5.1 熱力学的平衡

　図5.1に示すように，室温で水素と酸素を同じ容器に閉じこめても，そのままでは何も起こらない．水素と酸素が混在する状態は安定なのだろうか．しかし，この容器のなかにいったん火花を飛ばすと爆発的に反応が進み，水

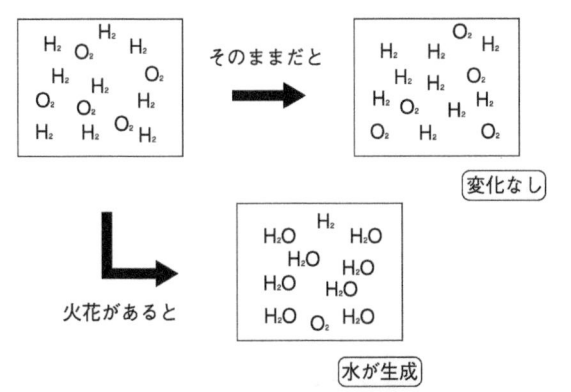

図 5.1　安定なのはどちら？

が生成する．そして生成した水は，火花を飛ばしても水素と酸素には戻らない．平衡状態では，水が大部分を占める．

状態が平衡に向かって変化するときには，何かが等しくなるように移動しているものがある．たとえば温度の異なる物体が接している場合には，温度が等しくなるように熱が移動する．電気回路の場合には，電位差がなくなるように電荷が移動する．化学の領域で見かけ上の変化がなくなる熱力学的平衡状態を考える場合，その"等しくなる何か"を熱力学ポテンシャルと呼ぶ．単位量当りの物質の熱力学エネルギーは熱力学ポテンシャルに等しく，このエネルギーは**自由エネルギー**（free energy）と呼ばれている．

5.2 自由エネルギー

自由エネルギー

第4章において，体積一定の系では内部エネルギーUを，圧力一定の系ではエンタルピーHを使うと便利であることを学んだ．自由エネルギーについても，体積一定の系ではヘルムホルツの自由エネルギーを使うのが便利である．

自由エネルギーとして，次式で定義される**ギブズの自由エネルギー**（Gibbs free energy）Gと**ヘルムホルツの自由エネルギー**（Helmholtz free energy）Aが有用である．

$$G = H - TS \tag{5.1}$$
$$A = U - TS \tag{5.2}$$

これらの式では熱力学第一法則で用いられるエンタルピーH，内部エネルギーUと，熱力学第二法則で用いられるエントロピーSを同時に考慮できる．圧力一定のもとではギブズの自由エネルギーを使うのが便利である．Gを単に自由エネルギー，Aを最大仕事関数と呼ぶこともある．

熱力学的考察ではU, H, G, A, Sなどの状態量を用いる場合が多い．これらの相互関係についての知見も有用である．まず，式(5.1)の全微分は次のようになる．

$$dG = dH - T\,dS - S\,dT \tag{5.3}$$

また式(4.15)を全微分すると

$$dH = dU + p\,dV + V\,dp \tag{5.4}$$

さらに式(4.51)より，式(5.4)は次のようになる．

$$dH = T\,dS + V\,dp \tag{5.5}$$

これを式(5.3)に代入すると，次式が得られる．

$$dG = -S\,dT + V\,dp \tag{5.6}$$

Aについても同様に，次式を得る．

$$dA = -S\,dT - p\,dV \tag{5.7}$$

式(4.51), (5.5), (5.6), (5.7)は状態量 U, H, G, A に関する重要な基礎式である.

例題 5.1

一定温度 T で, 理想気体が状態 1(p_1, V_1)から状態 2(p_2, V_2)へ変化する場合を考える. このときギブズの自由エネルギー, ヘルムホルツの自由エネルギー, 内部エネルギー, エンタルピーのそれぞれの変化 ΔG, ΔA, ΔU, ΔH を表す式を導け.

解 まず, ギブズの自由エネルギーについて考える. 一定温度であるから $dT = 0$. よって式(5.6)より, 以下のようになる.

$$\Delta G = \int_1^2 dG = \int_1^2 V\,dp = RT \int_1^2 \frac{dp}{p} = RT \ln \frac{p_2}{p_1}$$

ヘルムホルツの自由エネルギーについても同様に, 式(5.7)より以下のようになる.

$$\Delta A = \int_1^2 dA = -\int_1^2 p\,dV = -RT \int_1^2 \frac{dV}{V} = -RT \ln \frac{V_2}{V_1}$$

$$= RT \ln \frac{p_2}{p_1}$$

次に内部エネルギーについて考える. 式(4.12)と $dT = 0$ より, 次のようになる.

$$\Delta U = \int_1^2 dU = \int_1^2 C_V\,dT = 0$$

エンタルピーについては, 上式と式(5.4)より次式が得られる.

$$\Delta H = \int_1^2 dH = \Delta U + \int_1^2 p\,dV + \int_1^2 V\,dp$$

$$= 0 - RT \ln \frac{p_2}{p_1} + RT \ln \frac{p_2}{p_1} = 0$$

例題 5.2

30 ℃ に保たれた二酸化炭素 1 mol を考える. この気体の圧力が 20 atm から 400 atm に変化したときのギブズの自由エネルギー変化 ΔG を計算せよ. ただし, 二酸化炭素を理想気体とみなすとする.

解 一定温度であるから例題 5.1 の結果を用いることができる. よって

$$\Delta G = RT \ln \frac{p_2}{p_1} = 8.314 \times (273 + 30) \times \ln \frac{400 \times 101325}{20 \times 101325}$$

$$= 7550 \text{ J}$$

5.3 混合物の状態量

前節までは純物質の状態量 U, H, G, A について学んできた．しかし工業などの分野では，混合物を対象とする場合が多い．混合物の状態量は S, V, T, p のみの関数ではなく，含まれる各成分 i の物質量 n_i の関数ともなる．

$$dU = T\,dS - p\,dV + \sum_i \mu_i\,dn_i \tag{5.8}$$

$$dH = T\,dS + V\,dp + \sum_i \mu_i\,dn_i \tag{5.9}$$

$$dG = -S\,dT + V\,dp + \sum_i \mu_i\,dn_i \tag{5.10}$$

$$dA = -S\,dT - p\,dV + \sum_i \mu_i\,dn_i \tag{5.11}$$

化学ポテンシャル

純物質の化学ポテンシャル μ は T, p が与えられた場合の 1 mol 当りのギブズの自由エネルギー G_m となる．

$$\mu = \frac{G}{n} = G_m$$

ここで μ_i は成分 i の**化学ポテンシャル**(chemical potential)である．化学ポテンシャル μ_i と状態量 U, H, G, A の関係は次のようにまとめられる．

$$\mu_i = \left(\frac{\partial U}{\partial n_i}\right)_{S,V,n_{j \neq i}} = \left(\frac{\partial H}{\partial n_i}\right)_{S,p,n_{j \neq i}} = \left(\frac{\partial G}{\partial n_i}\right)_{T,p,n_{j \neq i}} = \left(\frac{\partial A}{\partial n_i}\right)_{T,V,n_{j \neq i}} \tag{5.12}$$

このように他の独立変数を一定にして，着目変数のみを微小に変化させた場合の状態量の変化の割合を**部分モル量**(partial molar quantity)と呼ぶ．たとえば，これが体積であれば**部分モル体積**(partial molar volume)となる．

なお T, p が与えられた場合の 1 mol 当りのギブズの自由エネルギーは，純成分 i の化学ポテンシャル μ となる．

5.4 組成の計算

系

自分が考察するいくつかの物質や物体を系という．それ以外の対象物は外界といい，区別される．

いま，二つの成分からなる混合系に二つの相 I，II（たとえば気相と液相）が存在するとする（図 5.2）．この混合系を含む容器内が平衡状態に達していると考えられるとき，この状態をつくりだしている条件にはどのようなものが考えられるだろうか．

まず，二つの相の温度が等しくなければならない．もし温度に差があれば，高温の相から低温の相へ熱の移動が起こり，平衡状態とはならないからである．同様に二つの相の圧力も等しいはずである．それと同時に平衡状態では，各相における組成が変化しなくなるので，式(5.10)と(5.12)より，ギブズの自由エネルギーの微分値はゼロとなる．

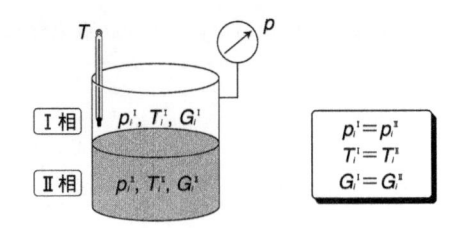

図 5.2 平衡の条件

$$dG = -S\,dT + V\,dp + \sum_i \left(\frac{\partial G}{\partial n_i}\right)_{T,p,n_j} dn_i = 0 \tag{5.13}$$

つまり $dG = 0$,すなわち系全体のギブズの自由エネルギーが極小であることが,平衡条件として与えられることになる.

一方,化学ポテンシャルについて考える.$T =$(一定),$p =$(一定)とすると,式(5.10)より次式が得られる.

$$dG = \sum_i \mu_i^{\mathrm{I}}\,dn_i^{\mathrm{I}} + \sum_i \mu_i^{\mathrm{II}}\,dn_i^{\mathrm{II}} = 0 \tag{5.14}$$

ここで,物質の出入りが各相間で行われたとしても,系全体としては閉じた系であるので,各成分の両系での全物質量 $n_i (i = 1, 2, 3, \cdots)$ は一定である.すなわち

$$dn_i = 0 \quad (i = 1, 2, 3, \cdots) \tag{5.15}$$

また,次式も成り立つ.

$$n_i = n_i^{\mathrm{I}} + n_i^{\mathrm{II}} = (\text{一定}) \quad (i = 1, 2, 3, \cdots) \tag{5.16}$$

したがって,以下のような関係が得られる.

$$\begin{aligned} dn_1^{\mathrm{I}} &= -dn_1^{\mathrm{II}} \\ dn_2^{\mathrm{I}} &= -dn_2^{\mathrm{II}} \\ dn_3^{\mathrm{I}} &= -dn_3^{\mathrm{II}} \\ &\vdots \end{aligned} \tag{5.17}$$

式(5.17)を(5.14)に代入して,従属変数である $dn_i^{\mathrm{I}} (i = 1, 2, 3, \cdots)$ を消去すると

$$\begin{aligned} dG &= (\mu_1^{\mathrm{II}} - \mu_1^{\mathrm{I}})\,dn_1^{\mathrm{II}} + (\mu_2^{\mathrm{II}} - \mu_2^{\mathrm{I}})\,dn_2^{\mathrm{II}} + (\mu_3^{\mathrm{II}} - \mu_3^{\mathrm{I}})\,dn_3^{\mathrm{II}} + \cdots\cdots \\ &= 0 \end{aligned} \tag{5.18}$$

ここに dn_i^{II} は独立変数である.したがって,いかなる物質量の変化に対しても式(5.18)が成立する.つまり $dG = 0$ となるためには,式(5.18)の右辺

のカッコ内は常にゼロでなければならない．ゆえに各成分について次式が成り立つ．

$$\mu_i^{\mathrm{I}} = \mu_i^{\mathrm{II}} \tag{5.19}$$

すなわち系が平衡となるための条件は，温度 T と圧力 p が一定であり，各成分 i の化学ポテンシャル μ_i が両相で等しいことである．

次に温度一定における，ギブズの自由エネルギーの圧力変化を考えてみよう．$\mathrm{d}T = 0$，また理想気体の状態方程式(3.9)を式(5.6)に用いれば，次式が与えられる．

$$\mathrm{d}G = \frac{RT}{p}\mathrm{d}p = RT\,\mathrm{d}(\ln p) \tag{5.20}$$

しかし実在気体では式(3.9)が成立しないので，式(5.20)からは必ずしも正確な値を得ることができない．そこで圧力 p に代えて新たな状態量**フガシティー**(fugacity) f を導入する．これにより，実在気体の自由エネルギーが定義される．

$$\mathrm{d}G = RT\,\mathrm{d}(\ln f) \tag{5.21}$$

しかし圧力が常圧より低い場合，実在気体は理想気体として考えることができる．そのため，低圧では以下の式が成立する．

$$f = p \tag{5.22}$$

つまり低圧においては，気体のフガシティー f は圧力 p に等しいことになる．

なお式(5.19)と(5.21)より，フガシティーを用いて平衡の条件を表すと

$$f_i^{\mathrm{I}} = f_i^{\mathrm{II}} \tag{5.23}$$

となる．

ところで，フガシティー f は**フガシティー係数**(fugacity coefficient) φ を用いて，次式のように表されることもある．

$$f = \varphi p \tag{5.24}$$

もちろん，理想気体では $\varphi = 1$ である．また圧縮因子 Z を用いてフガシティー f を計算すると，熱力学的基礎式より以下が得られる．

$$RT\ln\frac{f}{p} = \int_V^{\infty}\left(\frac{p}{n} - \frac{RT}{V}\right)\mathrm{d}V + RT(Z-1) - RT\ln Z \tag{5.25}$$

フガシティー

フガシティーは理想気体で得られた関係式が実在気体においても合うようにとの考えから，Lewisによって定義され，導入された状態量である．

低圧での実在気体と理想気体

通常，実在気体の状態方程式は，すでに式(3.28)として示したように，圧縮因子 Z を用いて以下で与えられる．

$$pV = ZRT$$

ここで低圧，つまり $p \to 0$ のとき，$Z \to 1$ になる．このため実在気体を理想気体と考えてよいことになる．

フガシティーについては付録 H にくわしく示す．

5.5 自由エネルギー変化と反応の方向

ある組成の状態から，反応がどちらの方向に進行する可能性があるかは自由エネルギー変化を比較するとわかる．前章で述べたように，それぞれの物質の自由エネルギーの絶対的な値を求めることはできないが，298.2 K，標準状態におけるある元素の自由エネルギーをゼロと定め，それらの元素から生成される物質の自由エネルギーの値を，そこからの変化量として求めることは可能である．この値が標準生成自由エネルギーである．

たとえば標準状態，298.2 K において水素，窒素，酸素のそれぞれの気体 H_2, N_2, O_2 の標準生成自由エネルギーはゼロとなる．さまざまな物質の標準生成自由エネルギーは一般に求められており，すでに表などにまとめられている．ある反応における標準自由エネルギー変化 $\Delta G°$ は，各成分の標準生成自由エネルギーから次式によって求めることができる．

$$\Delta G° = (生成物の標準生成自由エネルギー)$$
$$- (反応物の標準生成自由エネルギー) \quad (5.26)$$

例題 5.3

次の反応

$$H_2(g) + \frac{1}{2} O_2(g) \longrightarrow H_2O(l)$$

における標準自由エネルギー変化 $\Delta G°$ を求めよ．ただし，$H_2O(l)$ の標準生成自由エネルギーは -237.2 kJ·mol^{-1} とする．

解 $H_2(g)$ と $O_2(g)$ の標準生成自由エネルギーはゼロである．したがって式(5.26)より

$$\Delta G° = -237.2 - \left(0 + \frac{1}{2} \times 0\right) = -237.2 \text{ kJ·mol}^{-1}$$

が得られる．

化学反応の自由エネルギー変化と，その反応が自発的に進行するかどうかには直接的な関係がある．反応は，その系の自由エネルギーが増加する方向には自発的に進行しない．したがって ΔG が負であれば，反応は順方向に進行する．また ΔG が正であれば逆方向に進行する．しかし，ここで "進行する" というのは可能性であって，"速度が非常に遅いため進行していないと考えてもよい" 場合もある．

5.6 化学平衡

化学反応においては，生成物の化学ポテンシャルの総和が反応物の化学ポテンシャルの総和より小さければ，外部からエネルギーを与えなくとも反応は進行し，その結果として系の自由エネルギーは低下する．しかし，反応が進むと生成物の活量が増加して生成物の化学ポテンシャルは増加し，逆に反応物の活量は減少してその化学ポテンシャルも減少する．そして反応物の化学ポテンシャルの総和と生成物の化学ポテンシャルの総和とが等しくなり，反応の推進力がなくなって平衡状態に達する．

平衡状態は化学反応が起こらないといった状態ではなく，反応物から生成物が生じる反応速度と，生成物が反応物に戻る反応速度とが釣り合った状態であり，見かけ上の変化がなくなった状態である（図 5.3）．したがって ΔG の正負から，反応がどちらの方向に進むかの判定ができる．さらに反応がどれほどまで進むのか，ということも知ることができる．この点について，さらに考察してみよう．

いま定温，定圧で起こる次のような気体の反応を考える．

$$a\mathrm{A} + b\mathrm{B} \longrightarrow c\mathrm{C} + d\mathrm{D} \tag{5.27}$$

成分 i の分圧 p_i における 1 mol 当りの自由エネルギー G_i は，次式で与えられる．

$$G_i = G_i^\circ + RT \ln \frac{p_i}{p^\circ} \tag{5.28}$$

ここで G_i° は成分 i の標準状態での自由エネルギー，p° は標準圧力であり，通常は標準大気圧を使用する．一方，この反応(5.27)の自由エネルギー変化 ΔG は式(5.29)のように表すことができる．

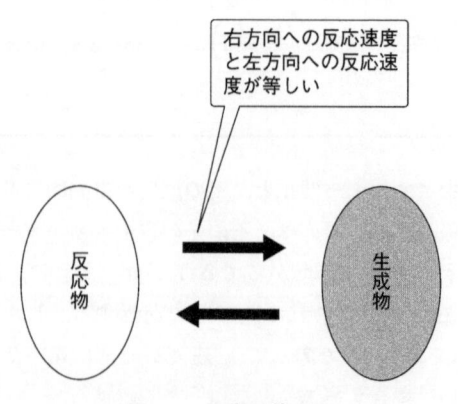

図 5.3 平衡状態とは

$$\Delta G = (c\,G_C + d\,G_D) - (a\,G_A + b\,G_B) \tag{5.29}$$

式(5.29)に(5.28)を代入して整理すると

$$\Delta G = \Delta G^\circ + RT \ln \frac{(p_C/p^\circ)^c (p_D/p^\circ)^d}{(p_A/p^\circ)^a (p_B/p^\circ)^b} \tag{5.30}$$

平衡状態においては $\Delta G = 0$ となるので

$$\Delta G^\circ = -RT \ln \frac{(p_C/p^\circ)^c (p_D/p^\circ)^d}{(p_A/p^\circ)^a (p_B/p^\circ)^b} \tag{5.31}$$

ここで

$$K = \frac{(p_C/p^\circ)^c (p_D/p^\circ)^d}{(p_A/p^\circ)^a (p_B/p^\circ)^b} \tag{5.32}$$

アンモニア合成

窒素と水素からのアンモニア合成法はベルリン大学(ドイツ)の理論化学者 Harber とカイザー・ビルヘルム研究所所長 Bosch によって発明された．このアンモニアの工業的合成法の確立は Harber の "アンモニア合成は発熱反応である" という最大の難点を克服した研究と，Bosch の触媒研究および高圧装置技術によってなされた．この方法は**ハーバー・ボッシュ法**(Harber-Bosch process)として全世界に影響を与え，Harber と Bosch はそれぞれ 1918 年と 1931 年にノーベル化学賞を受賞している．

窒素と水素からアンモニアを合成することは 19 世紀末から，化学工業界において重要な課題であった．式(1)の反応

$$N_2 + 3H_2 = 2NH_3 + 92.2\,\text{kJ} \tag{1}$$

を効率的に行うためには次の(a)の①～③，および(b)の④～⑥といった条件が必要になる．

(a) 平衡状態以前 ($N_2 + 3H_2 \longrightarrow 2NH_3$)

① $N_2 + 3H_2$ の混合気体の温度を上げて，反応速度を大きくする．

② 良好な触媒を添加し，反応速度を大きくする．

③ 圧力を加えて体積を減少させ，反応物の濃度を大きくして，反応速度を大きくする．

(b) 平衡状態になって以後 ($N_2 + 3H_2 \rightleftharpoons 2NH_3$)

④ 式(1)は発熱反応であるので，全体の温度を下げて平衡を右方向に移動させる．

⑤ 圧力を加え体積を減少させ，全分子数を減少させる方向(右方向)に平衡を移動させる．

⑥ 生成するアンモニアを液化させて除き，平衡を右方向に移動させる．

以上のうち，①と④は相反する条件となる．したがって工業的には①と④の妥協点を探し

⑦ "温度を下げる" ことを犠牲にし，実際はおよそ 500 ℃ くらいにして，とにかくアンモニアの生成量を増やす．

⑧ 有効な触媒を徹底的に追究して反応速度を上げ，上の "温度を下げることによる反応速度の低下" を補う．

⑨ 数百 atm にも耐える装置をつくる．

⑩ 圧縮と冷却によって，アンモニアを液化させて取り除く．

といったことを行うことになる．

とおけば，次式が得られる．

$$\Delta G° = -RT \ln K \tag{5.33}$$

K は**平衡定数**（equilibrium constant）と呼ばれる．

このように標準自由エネルギー変化 $\Delta G°$ がわかれば，平衡状態に達したとき，どのような組成になるのかを計算することが可能になる．

なお，分圧によって平衡定数を表すと次のようになる．

$$K_p = \frac{p_C{}^c p_D{}^d}{p_A{}^a p_B{}^b} \tag{5.34}$$

例題 5.4

水素と窒素からアンモニアを生成する反応（ハーバー・ボッシュ法）は次のように表される．

$$N_2(g) + 3H_2(g) \rightleftarrows 2NH_3(g)$$

この反応の 25 ℃ における平衡定数 K を求めよ．ただし NH_3(g) の標準生成自由エネルギーを 16.64 kJ・mol^{-1} とする．

解 標準自由エネルギー変化は式(5.26)より

$$\Delta G° = 2 \times 16.64 - (1 \times 0 + 3 \times 0) = 33.28 \text{ kJ・mol}^{-1}$$

となる．よって式(5.33)より

$$K = \exp\left(-\frac{\Delta G°}{RT}\right) = \exp\left(-\frac{33280}{8.314 \times 298.2}\right) = 1.48 \times 10^{-6}$$

5.7 平衡定数の温度依存性

系が平衡に達したときの組成は温度によって異なる．温度が変化したとき反応の平衡がどのように影響されるか．ここでは，平衡定数と温度の関係について説明する．

平衡定数 K は，標準自由エネルギー変化 $\Delta G°$ を用いて式(5.33)で与えられる．いま定圧の条件で，式(5.33)を温度 T について微分すると

$$\frac{d(\ln K)}{dT} = -\frac{1}{R}\frac{d(\Delta G°/T)}{dT} \tag{5.35}$$

となる．ところで

$$\frac{d(\Delta G°/T)}{dT} = -\frac{\Delta H°}{T^2} \tag{5.36}$$

であるから，これを式(5.35)に代入して次式を得る．

$$\frac{d(\ln K)}{dT} = \frac{\Delta H^\circ}{RT^2} \tag{5.37}$$

これは**ファント・ホッフの式**(van't Hoff's equation)と呼ばれ，次のようにも書ける．

$$d(\ln K) = \frac{\Delta H^\circ}{RT^2} dT \tag{5.38}$$

ΔH° が温度によらず一定であるとすれば，式(5.38)は積分することができて

$$\ln \frac{K_2}{K_1} = -\frac{\Delta H^\circ}{R}\left(\frac{1}{T_2} - \frac{1}{T_1}\right) \tag{5.39}$$

となる．一般には ΔH° は温度によって変化するため，温度の関数として表される．このようなときには式(5.35)に代入し積分を行うことで，より正確な式を導くことができる．

例題 5.5

次の反応

$$C_6H_6(g) + 3\,H_2(g) \longrightarrow C_6H_{12}(g)$$

の平衡定数は，298.2 K において 1.41×10^{17} である．328.2 K での平衡定数を求めよ．ただし，この温度範囲ではエンタルピー変化の温度依存性は無視でき，298.2 K での値が利用できるものとする．またベンゼンとシクロヘキサンの 298.2 K における標準生成熱は，それぞれ 82.93 kJ·mol^{-1}，-123.13 kJ·mol^{-1} とする．

解 この反応における，298.2 K での標準反応熱 ΔH° は

$$\Delta H^\circ = -123.13 - 82.93 = -206.06 \text{ kJ·mol}^{-1}$$

よって式(5.39)から

$$\ln \frac{K_2}{1.41 \times 10^{17}} = -\frac{-206.06 \times 10^3}{8.314}\left(\frac{1}{328.2} - \frac{1}{298.2}\right)$$

$$K_2 = 7.08 \times 10^{13}$$

この章のまとめ

環境にかかわるプロセスを考えるときには，反応がどちらの方向に進行するのか，また二つ以上の相が存在する場合には物質がどちらの相に移動して安定になるのかといった平衡状態を，前もって予測することがきわめて重要である．

本章では，系の温度や圧力がわかれば化学平衡や相平衡について計算でき

ることを学んだ．

また，平衡状態は熱力学の重要な原理である可逆過程の考え方の基礎になるものでもある．

章末問題

1. 次の反応(a)から(c)について，自発的に反応が進行するための温度条件を推測せよ．
   (a) $N_2(g) + O_2(g) \longrightarrow 2\,NO(g)$. ただし $\Delta H° = 180.7\,\text{kJ}\cdot\text{mol}^{-1}$, $\Delta S° = 24.7\,\text{J}\cdot\text{K}^{-1}$.
   (b) $CO(g) + (1/2)O_2(g) \longrightarrow CO_2(g)$. ただし $\Delta H° = -283.0\,\text{kJ}\cdot\text{mol}^{-1}$, $\Delta S° = -86.8\,\text{J}\cdot\text{K}^{-1}$.
   (c) $H_2O_2(l) \longrightarrow H_2O(l) + (1/2)O_2(g)$. ただし $\Delta H° = -98.3\,\text{kJ}\cdot\text{mol}^{-1}$, $\Delta S° = 80.0\,\text{J}\cdot\text{K}^{-1}$.

2. 光合成は $CO_2(g)$ と $H_2O(l)$ を $C_6H_{12}O_6(aq)$ と $O_2(g)$ へと変換する複雑な過程である．298.2 K において，この過程が自発的に進行するかどうか標準自由エネルギー変化を計算して確かめよ．ただし，それぞれの物質の 298.2 K における標準生成自由エネルギーは $C_6H_{12}O_6(aq)$ が $-914.5\,\text{kJ}\cdot\text{mol}^{-1}$, $H_2O(l)$ が $-237.2\,\text{kJ}\cdot\text{mol}^{-1}$, $CO_2(g)$ が $-394.4\,\text{kJ}\cdot\text{mol}^{-1}$ である．

3. 燃料電池では，$H_2(g)$ と $O_2(g)$ から $H_2O(l)$ を生成する反応にともなう化学エネルギー変化を電気エネルギーとして取りだす．298.2 K, 1 atm において最大のエネルギー変換効率はいくらになるか．ただし $H_2O(l)$ の標準生成熱は $-285.8\,\text{kJ}\cdot\text{mol}^{-1}$, 標準生成自由エネルギーは $-237.2\,\text{kJ}\cdot\text{mol}^{-1}$ とする．

4. 自動車排ガスの触媒浄化においては，いくつもの反応が進行している．たとえば次の反応によって NO は還元され，CO は酸化される．

$$NO + CO \longrightarrow CO_2 + \frac{1}{2}N_2$$

次の問に答えよ．
   (a) 298.2 K, 標準状態においてこの反応は発熱反応か，吸熱反応か．
   (b) 298.2 K, 標準状態においてこの反応は自発的に進行するか．

5. 次の反応

$$SO_2(g) + \frac{1}{2}O_2(g) \rightleftharpoons SO_3(g)$$

の 298.2 K における K_p の値を求めよ．ただし $SO_2(g)$ および $SO_3(g)$ の 298.2 K における標準生成自由エネルギーは，それぞれ $-300.4\,\text{kJ}\cdot\text{mol}^{-1}$, $-370.4\,\text{kJ}\cdot\text{mol}^{-1}$ とする．

6. 次の反応

$$N_2O_4(g) \rightleftharpoons 2\,NO_2(g)$$

の K_p は 298.2 K で 0.113 atm である．いま $N_2O_4(g)$ を体積が変わる容器に閉じこめて 298.2 K, 1 atm で平衡に到達させた．それぞれの物質の分圧を求め

よ．

7. 高い温度で燃焼を行うと，空気中の窒素が酸素と反応してNO_xが生成する．この物質をサーマルノックスと呼ぶ．さて，いま2000 Kにおいて次式

$$N_2(g) + O_2(g) \rightleftharpoons 2\,NO(g)$$

でNOが生成する場合に，大気圧でのNOの平衡組成を求めよ．ただし空気組成は体積分率でN_2が78%，O_2が21%，その他の不活性ガスが1%とする．また，この温度での平衡定数K_pを4.00×10^{-4}とする．

8. 次の反応

$$N_2O_4(g) \rightleftharpoons 2\,NO_2(g)$$

のK_pは298.2 Kにおいて0.113 atmである．348.2 Kにおける，この反応のK_pはいくらになるか．ただし$N_2O_4(g)$および$NO_2(g)$の標準生成熱をそれぞれ33.85 kJ·mol^{-1}，9.67 kJ·mol^{-1}とする．

9. アンモニアの合成反応

$$N_2 + 3\,H_2 \rightleftharpoons 2\,NH_3$$

を行った．このとき平衡定数Kと温度Tの関係が以下の表のように得られた．この実験データについて，以下の問に答えよ．

温度 T[K]	平衡定数 K	$1/T$	$\ln K$
673	0.000164	0.001486	-8.71564
683	0.000152		
693	0.000129		
703	6.02×10^{-5}		
713	4.48×10^{-5}		
723	3.31×10^{-5}		
733	4.74×10^{-5}		
743	2.79×10^{-5}		
753	3.34×10^{-5}		
763	1.78×10^{-5}		
773	1.44×10^{-5}		

(a) 上の表の空欄を埋め，$1/T$と$\ln K$の関係を示すグラフを作成せよ．

(b) (a)で作成したグラフを表す直線の式を求めよ．

(c) 式(5.39)として示した次の式

$$\ln \frac{K_2}{K_1} = -\frac{\Delta H°}{R}\left(\frac{1}{T_2} - \frac{1}{T_1}\right)$$

を用いて各温度における平衡定数K_2を求め，実験データから得られた傾きと$-\Delta H°/R$を比較せよ．ただし$T_1 = 673$ Kでの平衡定数K_1を1.64×10^{-4}，エンタルピー変化は，この温度範囲において$\Delta H = -105.2 \times 10^3$ Jで一定とし，気体定数は8.314 J·K^{-1}·mol^{-1}とする．

6章 分離技術と相平衡

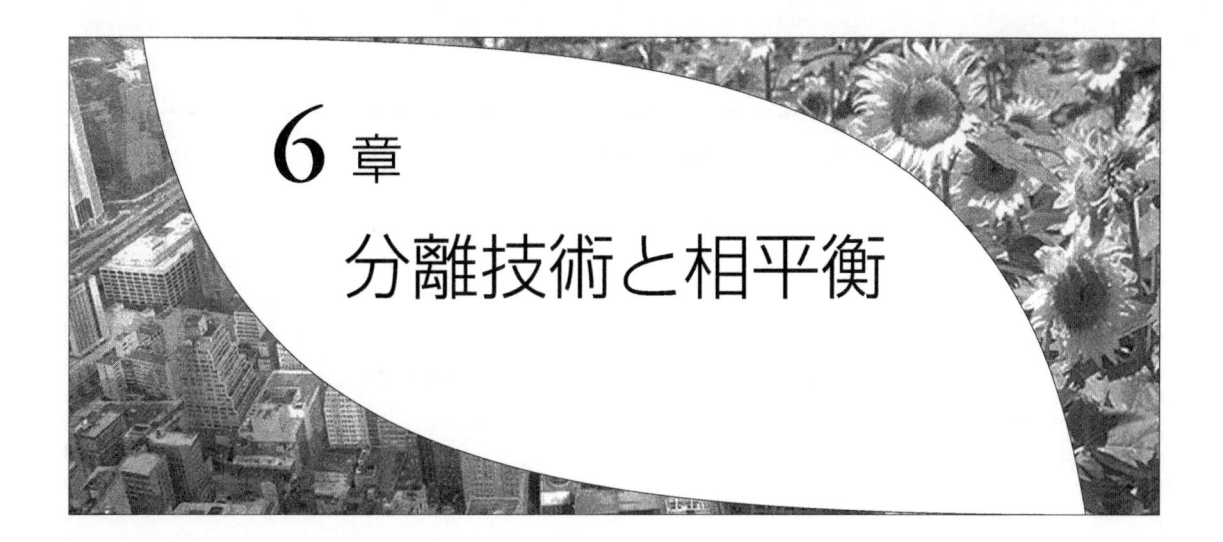

　第1章で述べた環境にやさしいグリーンケミストリーを実現するためには，実際にはどのように装置を設計，操作すればよいのだろうか．環境汚染物質を生成・排出しないためには，取り扱う混合物の組成の制御が重要である．

　環境装置や化学プラントでは，物質の濃度や組成を制御する場合，気体と液体，液体と液体，液体と固体などの各系の相分離を利用することが多い．本章では，環境にやさしい分離技術を実用化する際に重要となる相分離について説明する．

6.1　混合物の組成と分離装置

　環境装置や化学プラントとして実際に使用されている装置を目にすると，その大きさに驚くだろう．図6.1に，化学プラントで多く使用されている蒸留塔と，実験室などでよく見かける蒸留装置を示す．液体混合物を蒸気にして分離する点では両者の役割は同じだが，対象となる物質の量とその装置の

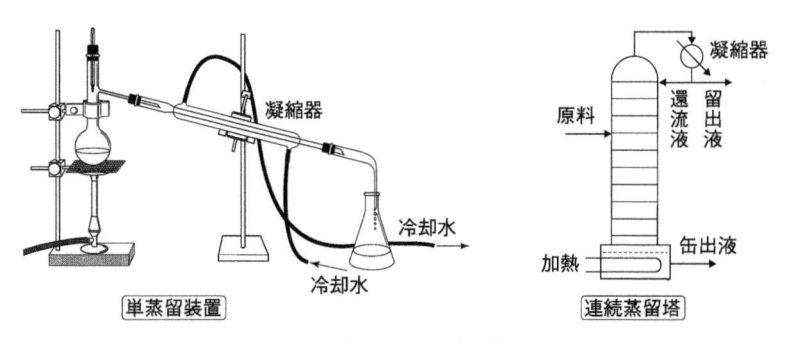

図6.1　単蒸留装置と連続蒸留塔

成分濃度の表し方

混合物中の成分濃度の表し方として，本章では**モル分率**(mole fraction)，**質量モルパーセント濃度**(mass mole percent concentration)，**モル濃度**(molar concentration)，**質量モル濃度**(mass molar concentration)を使用している．以下に，それぞれを具体的に説明する．

モル分率

混合物が成分 $1, 2, \cdots, i, \cdots, k$ からなり，それぞれの物質量が $n_1, n_2, \cdots, n_i, \cdots, n_k$ mol で，全体で n_t mol のとき，混合物中の任意の成分 i のモル分率 x_i は次式のように表される．

$$x_i = \frac{n_i}{n_1 + n_2 + \cdots + n_i + \cdots + n_k} = \frac{n_i}{n_t}$$

明らかに，混合物中のすべての成分のモル分率の和は1になる．

$$\sum_i x_i = 1$$

質量分率

二成分系の場合，モル分率 x と質量分率 w の関係は，分子量 M を用いて次のように表せる．

$$w = \frac{M_1 x_1}{M_1 x_1 + M_2 (1 - x_1)}$$

M_1 と x_1，M_2 と x_2 はそれぞれ成分1と2の分子量とモル分率である．

質量モルパーセント濃度

溶液100 g (溶媒ではない) 中に含まれる溶質の質量．単位は%である．たとえば質量 a [g] の溶媒中に質量 b [g] の溶質があると，溶液の質量は $a+b$ [g] であるから，このときの質量モルパーセント濃度 w_i は次のようになる．

$$w_i = \frac{b}{a+b} \times 100$$

モル濃度

溶液1 L または1 dm³ 当りの溶質の物質量．単位は mol·L^{-1} である．たとえば質量 W_B [kg] の溶質Bが溶液 V [L] に含まれるとき，溶質Bのモル濃度 C_B は次のようになる．

$$C_B = \frac{W_B}{M_B} \frac{1}{V}$$

ここで，M_B は溶質Bのモル質量 [kg·mol^{-1}] である．一方，C_B はモル分率 x_B とは以下の関係にある．

$$x_B = \frac{C_B M_A}{C_B (M_A - M_B) + 10^{-3} \rho}$$

ただし，ここで M_A は溶媒のモル質量 [kg·mol^{-1}] を表し，ρ は溶液の密度 [kg·m^{-3}] を表している．

質量モル濃度

溶媒1 kg 当りの溶質の物質量．単位は mol·kg^{-1} である．質量モル濃度 m はモル濃度 C とは違い，温度に影響されることはない．たとえば質量 W_A [kg] の溶媒Aと，W_B [kg] の溶質Bとからなる溶液について，溶質Bの質量モル濃度 m_B は次のようになる．

$$m_B = \frac{W_B}{M_B} \frac{1}{W_A}$$

ここで M_B は溶質Bのモル質量 [kg·mol^{-1}] である．一方，溶質のモル分率 x_B とは以下の関係にある．

$$x_B = \frac{m_B M_A}{1 + m_B M_A}$$

ただし M_A は溶媒Aのモル質量 [kg·mol^{-1}] である．

大きさはまったく異なる．実際の装置（実用装置）では，組成を制御する精度もきわめて高いものが要求される場合が多い．この巨大な装置を精度良く稼働させるために，ここでは混合物の組成や分離装置，またそのなかで利用されている相分離現象について説明する．

図6.2に相分離を利用する物質分離の装置を概念的に示した．温度を一定に保てる恒温槽内に圧力計をつけた容器を設置し，ある組成に調整された二種類の液体の化学物質（たとえばエタノールと水の二成分系）を入れる．容器内から不純物となる空気などのガスを十分取り除き，恒温槽の温度を一定に保ってしばらく静置しておく．すると二成分系の液体の一部が蒸発し気相を二成分系の分子で満たす．ただし気相組成は液相の組成と異なる場合が多い．

さて組成，すなわち混合物の成分濃度は種々の方法で表現されるが，本章ではおもに**モル分率**(molar fraction)を用いる．さらに本書では成分 i の液相組成，気相組成をそれぞれ x_i, y_i と表す．このように下つきの添字は成分の種類を表し，一般に標準沸点の低い物質から順に小さい番号をつける．上の例にあてはめると x_1, x_2 は，それぞれ液相のエタノールと水のモル分率を表すことになる．モル分率 x_i, y_i を考えると，各相でのそれぞれの和は1になるので次が成り立つ．

$$\sum_i x_i = 1, \quad \sum_i y_i = 1 \tag{6.1}$$

この例において，実際には起こりえないが，すべての水が液相から気相に移動し，純粋なエタノールだけの液相となった場合，x_1 は1となる．

やがて容器内の気相の温度は液相の温度と同じになり，容器上部に取りつけた圧力計の値も一定となって，組成も見かけ上は一定になる．前章で述べたように，このとき各成分に関して，両相における化学ポテンシャルが等しくなる．またフガシティーについても同様である．これが気相と液相が平衡状態にある，つまり**気液平衡**(vapor-liquid equilibrium)と呼ばれる状態である．

上では気液平衡を例にとったが，ほかにも固液平衡，液液平衡など，相の状態によっていくつかの平衡状態が存在する．これらを総称して相平衡と呼んでいる．

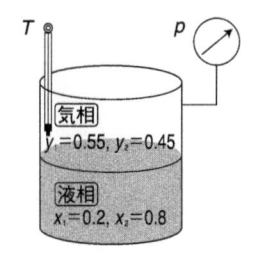

図6.2 相分離を利用する物質分離装置

恒温槽
温度を一定に保つ容器のこと．

標準沸点
101.3 kPa における沸点のこと．

相平衡
気相と液相のように異なる相が接して存在しており，かつ質量の交換も許されている条件下で平衡状態にあること．

6.2 気液平衡

6.2.1 理想溶液

理想気体，すなわち気体における理想性は粒子間の凝集力がまったく存在しないことを意味しているのに対して，溶液の理想性は粒子間の凝集力が一

様であることと定義される．つまり理想溶液では二成分系の第一成分と第二成分について，成分1と1，1と2，2と2の間の分子間相互作用がまったく等しいことを意味している．

理想溶液では，ある成分（ここでは成分 i とする）の分圧 p_i は，溶液中の成分 i のモル分率 x_i に比例する．$x_i = 1$ のとき p_i は純物質 i の蒸気圧 $p_i°$ となるから，これは次式のように表される．

$$p_i = p_i° x_i \tag{6.2}$$

式(6.2)は1886年，Raoultによって発表されたことから**ラウールの法則**(Raoult's law)と呼ばれている．実在溶液でもベンゼン-トルエン系のように，互いの化学的性質が似た成分どうしからなる混合物では，ラウールの法則で気液平衡をある程度表すことが可能である．

このように理想溶液の液相組成と分圧の関係はラウールの法則で表されるが，また，この液相と平衡になる気相組成は**ドルトンの分圧の法則**(Dalton's law of partial pressure)を用いて表せる．二成分系では

$$p = p_1 + p_2$$

となり，全圧 p と成分 i の分圧 p_i の関係は，気相組成 y_i より次式で与えられる．

$$p_i = y_i p \tag{6.3}$$

以上のように理想溶液として扱うことができる混合系の気液平衡については，蒸気圧 p_i のデータさえあればラウールの法則から液相組成 x_i を，ドルトンの分圧の法則から気相組成 y_i をそれぞれ求めることができる．

以下では，例としてベンゼン-トルエン系と，エタノール-水系について考えてみよう．まず図6.3に圧力 $p = 101.3$ kPa で測定されたベンゼン-トル

> **ドルトンの分圧の法則**
> いま k 種類の気体 1, 2, 3, …, k を容器のなかに入れたとする．この混合気体の圧力 p は各成分気体が単独に示す圧力 p_1, p_2, p_3, …, p_k の和に等しい．すなわち
> $$p = p_1 + p_2 + p_3 + \cdots + p_k$$
> となる．

(a) ベンゼン-トルエン系　　(b) エタノール-水系

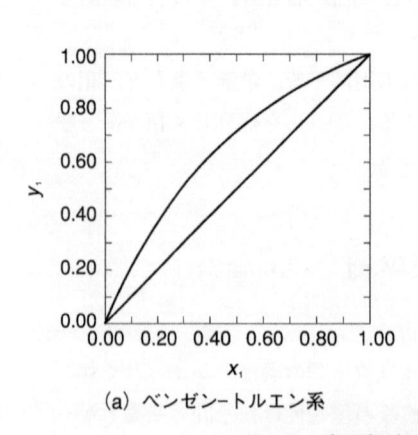

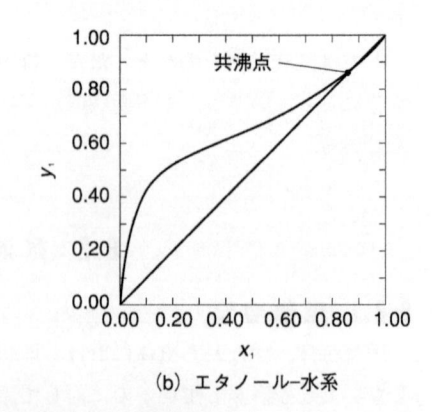

図 6.3　定圧気液平衡関係(101.3 kPa)[1]

6.2 気液平衡

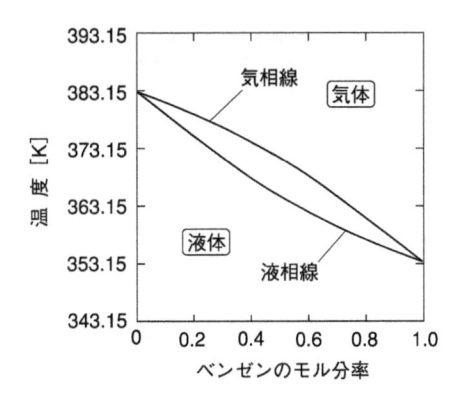

図 6.4 ベンゼン-トルエン系における温度と組成の関係(101.3 kPa)

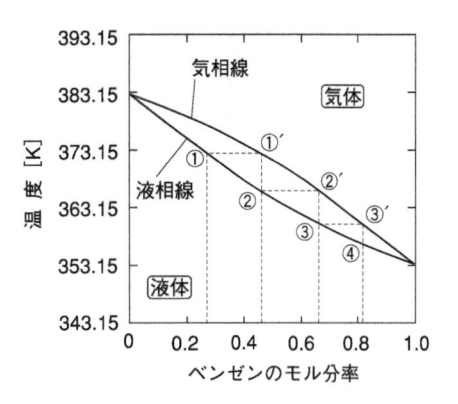

図 6.5 図 6.4 の見方

エン系と，エタノール-水系の気液平衡組成を示す．

図 6.4 は組成と温度との関係を示したものである．気相線は気相組成と温度の関係を，液相線は液組成と温度の関係を表す．気相線より高温では気相のみ，液相線より低温では液相のみが存在し，液相線と気相線の間では液相と気相とが存在することを表している．

図 6.5 を使って，この関係図の見方を簡単に説明しよう．いまベンゼンのモル分率が 0.26，トルエンのモル分率が 0.74 の混合溶液を蒸留する．このときの沸点は縦軸に平行な垂線を引いて，これが液相線と交わった点①の縦軸の値，約 373.15 K になる．このとき気相にあるベンゼンのモル分率は①' の横軸の値 0.46 になる．これを液化して再び蒸留していくと，ベンゼンのモル分率は③，④，……で示される値へと徐々に濃縮されていき，ベンゼンとトルエンの分離が可能になる．一方，エタノール-水系の場合，エタノールのモル分率が 0.85 付近で液相と気相の組成が等しくなる共沸点が存在する．このことは，蒸留によっては共沸点以上にエタノールを濃縮できないことを示している．

> **蒸留**
> やかんに入れた水をガスレンジで加熱すると，やがて沸騰しはじめる．やかんの口から吹きだしてくる水蒸気を，適当な方法で冷やすと再び水に戻る．このように液体を熱して気体に変え，これを冷やして再び液体にする操作を蒸留という．

例題 6.1

ベンゼン-トルエン系の混合物が 101.3 kPa(1 atm)で気液平衡にあるとして，次の(a)から(d)に答えよ．ただし，この混合系は理想溶液として扱ってよく，各純成分の蒸気圧は式(6.4)のアントワン式と，表 6.1 に示すアントワン定数により与えられるとする．なお添字 1 と 2 は，それぞれベンゼンとトルエンを表すこととする．

$$\log_{10} p_i^\circ = A_i - \frac{B_i}{C_i + T} \quad (p_i^\circ, T \text{ の単位はそれぞれ kPa, K})$$

(6.4)

表 6.1 式(6.4)のアントワン定数[2),3)]

	A	B	C
ベンゼン	6.0306	1211.03	-52.35
トルエン	6.0795	1344.81	-53.65

(a) アントワン式から，純粋なベンゼンおよびトルエンの 101.3 kPa における沸点を求めよ．
(b) この混合系が 101.3 kPa で気液平衡にあり，平衡温度は 358.15 K を示した．このときの液相組成および気相組成を求めよ．
(c) 同様の圧力条件で 378.15 K のときの液相組成および気相組成を求めよ．
(d) 以上の結果から純物質の沸点，および二組の気液平衡関係を温度対組成線図に表せ．

解 (a) アントワン式(6.4)より，ベンゼンおよびトルエンの沸点 T_1, T_2 はそれぞれ

$$T_1 = 353.2 \text{ K}, \quad T_2 = 383.8 \text{ K}$$

のようになる．

(b) 358.15 K における各純成分の蒸気圧は，アントワン式(6.4)より次のように求められる．

$$p_1° = 117.6 \text{ kPa}, \quad p_2° = 46.0 \text{ kPa}$$

式(6.2)として示したラウールの法則より，全圧 $p = p_1 + p_2$ は次のようになる．

$$p = x_1 p_1° + (1 - x_1) p_2°$$

ここで題意より

$$101.3 = 117.6 x_1 + 46.0(1 - x_1)$$
$$x_1 = 0.77$$

よって，液相組成は $x_1 = 0.77$ となる．

一方，気相組成 y_1 はドルトンの法則(式 6.3)より

$$y_1 = \frac{p_1}{p} = \frac{x_1 p_1°}{p} = \frac{0.77 \times 117.6}{101.3} = 0.89$$

よって，気相組成は $y_1 = 0.89$ となる．

(c) (a)と同様に各成分の蒸気圧は $p_1° = 205.8$ kPa, $p_2° = 86.1$ kPa となる．まったく同様にラウールの法則より液相組成は $x_1 = 0.13$, ドルトンの法則より気相組成は $y_1 = 0.26$ となる．

(d) (a)で求めた純物質の沸点，および(b)と(c)で求めた気液平衡値を使って温度対組成線図を描くと図 6.6 のようになる．

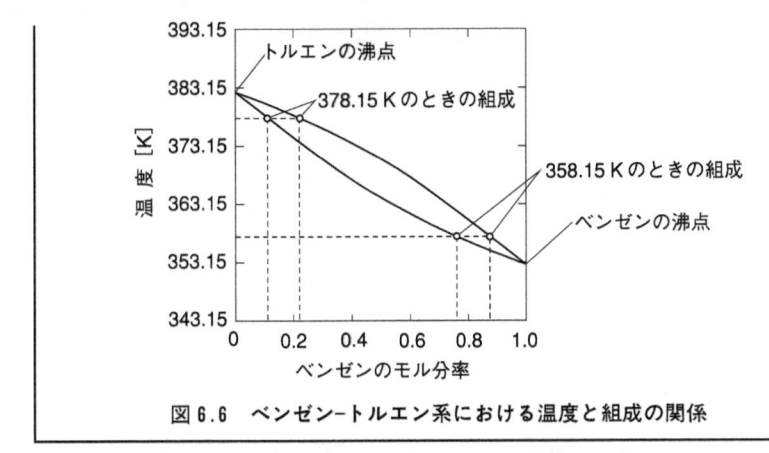

図 6.6 ベンゼン-トルエン系における温度と組成の関係

6.2.2 実在溶液

　理想気体や理想溶液では熱力学的方程式が大変簡単なかたちに表される．それは，理想気体では分子間相互作用を無視することを許しており，理想溶液では分子間相互作用が一様であることを前提として考えるからである．ここでは次の段階として実在する状態，すなわち非理想溶液の気液平衡をどのように取り扱うかについて示していく．

　相平衡の条件は前章で述べたように，各相中の各成分のフガシティーが等しいことで与えられる．気液平衡では，気相中の成分 i のフガシティー f_i^V と液相中の成分 i のフガシティー f_i^L が等しくなることから次式が成立する．

$$f_i^V = f_i^L \tag{6.5}$$

ところで f_i^V は，フガシティー係数 φ_i^V を用いると

$$f_i^V = p y_i \varphi_i^V \tag{6.6}$$

ここで p は全圧であり，y_i は気相中の成分 i のモル分率である．低圧では $\varphi_i^V = 1$ と考えられるので，式(6.6)は次式となる．

$$f_i^V = p y_i \tag{6.7}$$

一方，f_i^L は**活量係数**(activity coefficient) γ_i を用いて

$$f_i^L = \gamma_i x_i p_i^\circ \tag{6.8}$$

と表される．ここで x_i は液相中の成分 i のモル分率，p_i° は純物質 i の蒸気圧である．ゆえに式(6.7)と(6.8)より，成分 i についての気液平衡式(6.5)は次式のようになる．

$$p y_i = \gamma_i x_i p_i^\circ \tag{6.9}$$

さて，いま二成分系について考えると，式(6.9)は次のようになる．

$$py_1 = \gamma_1 x_1 p_1^\circ \tag{6.10}$$

$$py_2 = \gamma_2 x_2 p_2^\circ \tag{6.11}$$

また y_i については明らかに次式が成り立つ．

$$y_1 + y_2 = 1 \tag{6.12}$$

上式に式(6.10)と(6.11)を代入し，整理すると次式が得られる．

$$p = \gamma_1 x_1 p_1^\circ + \gamma_2 x_2 p_2^\circ \tag{6.13}$$

式(6.13)を用いると，液相組成 x_1, x_2 から混合物の全圧 p を計算することができる．この場合，気相組成 y_i は次式で与えられる．

$$y_i = \frac{\gamma_i x_i p_i^\circ}{p} \tag{6.14}$$

さらに混合する二液が理想混合する場合，すなわちラウールの法則が成立する場合には $\gamma_1 = 1$, $\gamma_2 = 1$ であるから，式(6.13)は次のようになる．

$$p = x_1 p_1^\circ + x_2 p_2^\circ \tag{6.15}$$

実在溶液の気液平衡を表すには式(6.13)で示した，簡略化された気液平衡式が便利である．式中の活量係数は理想溶液からの隔たりを示しているとも解釈できる．したがって活量係数を知ることができれば気液平衡が求まり，種々の分離プロセスの設計や運転に役立てることができる．

例題 6.2

メタノール-水系の二成分系気液平衡組成 x_i, y_i より，液相中の各成分の活量係数 γ_1, γ_2 を計算せよ．なお添字1と2は，それぞれメタノールと水を表すこととし，全圧 $p = 500$ mmHg，温度 $T = 71.5\,°\mathrm{C}$，気相組成 $x_1 = 0.2019$，液相組成 $y_1 = 0.6028$ とする．また計算にあたっては式(6.16)のアントワン式，および表6.2で与えられるアントワン定数を用いることとする．

表 6.2 式(6.16)のアントワン定数[2),3)]

	A	B	C
メタノール	8.08097	1582.271	239.726
水	8.07131	1730.63	233.426

$$\log_{10} p_i^\circ = A_i - \frac{B_i}{C_i + T} \quad (p_i^\circ, T \text{の単位はそれぞれmmHg, ℃})$$
(6.16)

解 まずメタノールおよび水の各蒸気圧 p_1°, p_2° を求める．これらは温度のみの関数で，式(6.16)のアントワン式を用いて求められる．メタノールの $T = 71.5\,℃$ における蒸気圧 p_1° は表6.2で与えられるアントワン定数 $A_1 = 8.08097$, $B_1 = 1582.271$, $C_1 = 239.726$ を式(6.16)に代入して

$$p_1^\circ = 10^{A_1 - \frac{B_1}{C_1+T}} = 10^{8.08097 - \frac{1582.271}{239.726+71.5}} = 993.06\,\text{mmHg}$$

と求まる．同様に水についても

$$p_2^\circ = 248.73\,\text{mmHg}$$

と求まる．

よって式(6.10)から，メタノールの活量係数 γ_1 は以下のように求まる．

$$\gamma_1 = \frac{y_1 p}{x_1 p_1^\circ} = \frac{0.6028 \times 500}{0.2019 \times 993.06} = 1.503$$

同様に水の活量係数 γ_2 については

$$x_1 + x_2 = 1,\ y_1 + y_2 = 1$$

の関係と式(6.11)より

$$\gamma_2 = 1.000$$

となる．

6.2.3 溶液モデル

活量係数を液相組成の関数として表すことができれば，気液平衡関係を計算で求めることができる．**マーギュレス式**(Margules equation)，**ファン・ラー式**(van Laar equation)など古くから知られているものに加え，1960年代以降に提案された局所モル分率に基づく**ウィルソン式**(Wilson equation)，NRTL式，UNIQUAC式などがある．とくに局所モル分率に基づくモデルは二成分系気液平衡から決定したパラメータを用いて三成分以上の多成分系気液平衡を精度良く計算できるので有効である．無熱溶液論や正則溶液論などの重要な理論もあるが，ここでは代表的な二成分系の活量係数式について以下に示す．

(1) マーギュレス式

マーギュレス式を以下に示す．

$$\ln \gamma_1 = x_2^2 \{A_{12} + 2(A_{21} - A_{12})x_1\} \quad (6.17)$$
$$\ln \gamma_2 = x_1^2 \{A_{21} + 2(A_{12} - A_{21})x_2\} \quad (6.18)$$

ここで A_{12} および A_{21} は気液平衡データから決定されるパラメータである．

（2）ウィルソン式

ウィルソン式を以下に示す．

$$\ln \gamma_1 = -\ln(x_1 + \Lambda_{12}x_2) + x_2\left(\frac{\Lambda_{12}}{x_1 + \Lambda_{12}x_2} - \frac{\Lambda_{21}}{\Lambda_{21}x_1 + x_2}\right) \tag{6.19}$$

$$\ln \gamma_2 = -\ln(x_2 + \Lambda_{21}x_1) - x_1\left(\frac{\Lambda_{12}}{x_1 + \Lambda_{12}x_2} - \frac{\Lambda_{21}}{\Lambda_{21}x_1 + x_2}\right) \tag{6.20}$$

$$\Lambda_{12} = \frac{V_2^L}{V_1^L}\exp\left(-\frac{\lambda_{12}-\lambda_{11}}{RT}\right)$$
$$\Lambda_{21} = \frac{V_1^L}{V_2^L}\exp\left(-\frac{\lambda_{21}-\lambda_{22}}{RT}\right) \tag{6.21}$$

ここで V_1^L, V_2^L は成分 1 および 2 の液モル体積，$\lambda_{12}-\lambda_{11}$ および $\lambda_{21}-\lambda_{22}$ は気液平衡データから決定されるパラメータである．ウィルソン式の導出を付録 J に示す．

例題 6.3

研究者 A は，二成分系の過剰ギブズ自由エネルギー G^E を液相組成 x_1, x_2 の算術平均であると考え，次式を提案した．

$$G^E = ax_1 + bx_2 \tag{6.22}$$

ここで a および b は定数である．このとき活量係数 γ_1, γ_2 を求めよ．また，このモデルの問題点を指摘せよ．ただし過剰ギブズ自由エネルギー G^E と活量係数 γ_i の関係は，熱力学的に次式で与えられるものとする．

$$RT\ln \gamma_i = G^E + \frac{\partial G^E}{\partial x_i} - \sum_j x_j\frac{\partial G^E}{\partial x_j} \tag{6.23}$$

解 式(6.22)を x_1 および x_2 で偏微分すると

$$\frac{\partial G^E}{\partial x_1} = a \tag{6.24}$$

$$\frac{\partial G^E}{\partial x_2} = b \tag{6.25}$$

よって，式(6.24)と(6.25)を式(6.23)に代入して

$$RT\ln \gamma_1 = G^E + \frac{\partial G^E}{\partial x_1} - \left(x_1\frac{\partial G^E}{\partial x_1} + x_2\frac{\partial G^E}{\partial x_2}\right)$$
$$= (ax_1 + bx_2) + a - (ax_1 + bx_2) \tag{6.26}$$

ゆえに

$$\gamma_1 = \exp\left(\frac{a}{RT}\right)$$

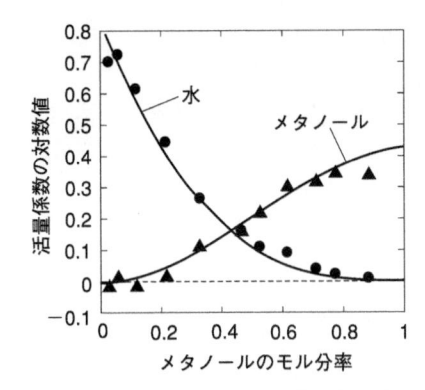

図6.7 メタノール-水系の活量係数の変化[1]

と求まる．

同様に γ_2 についても次のようになる．

$$\gamma_2 = \exp\left(\frac{b}{RT}\right) \tag{6.27}$$

以上の結果より γ_1 および γ_2 は一定値となったが，たとえばメタノール-水系のような実在溶液では図6.7に示すように，液相組成に応じて活量係数は大きく変化する．これが，このモデルの問題点である．

(3) グループ寄与法

グループ寄与法（ASOG式，UNIFAC式など）は実験データからの推算ではなく，分子構造などの基本的な情報のみから純物質，混合物の性質を予測する（表6.3）．また，複雑な分子や多成分系の混合物を取り扱いやすいという特徴がある．しかし一方，混合物中の分子間の相互作用が複雑な系への適用が困難であり，異性体の区別がつかないという短所もある．

以下にASOG式を示す．

$$\ln \gamma_i = \ln \gamma_i^{FH} + \ln \gamma_i^{G} \tag{6.28}$$

$$\ln \gamma_i^{FH} = \ln \frac{v_i^{FH}}{\sum_j v_j^{FH} x_j} + 1 - \frac{v_i^{FH}}{\sum_j v_j^{FH} x_j} \tag{6.29}$$

表6.3 グループ寄与法による工学物性の推算

	グループ寄与法
蒸気圧	UNIFAC式，AMP式
高圧気液平衡	グループ状態方程式，SRK-ASOG式
気液平衡	ASOG式，UNIFAC式
液液平衡	ASOG式，UNIFAC式，UNIFAC-FV式
固液平衡	ASOG式，UNIFAC式

$$\ln \gamma_i^G = \sum_k v_{ki}(\ln \Gamma_k - \ln \Gamma_k^{(i)}) \tag{6.30}$$

ここでグループ k の活量係数 Γ_k は，ウィルソン式を参考にして次式で表される．

$$\ln \Gamma_k = -\ln \sum_p X_p a_{kp} + 1 - \sum_p \frac{X_p a_{pk}}{\sum_m X_m a_{pm}} \tag{6.31}$$

ただし X_k はグループ k の分率であり，次式より計算できる．

$$X_k = \frac{\sum_i x_i v_{ki}}{\sum_i x_i \sum_l v_{kl}} \tag{6.32}$$

ここで式(6.29)中の v_i^{FH} は純物質 i 中の水素原子を除いた原子の数，x_j は溶液中の成分 j のモル分率である．

例題 6.4

n-ヘキサン $CH_3(CH_2)_4CH_3$ - n-プロパノール $CH_3(CH_2)_2OH$ の混合溶液がある．ヘキサン濃度 $x_1 = 0.25$ における CH_3, CH_2 および OH の各グループ分率 X_{CH_3}, X_{CH_2} および X_{OH} を求めよ．

解 ヘキサン-プロパノールの混合溶液を図6.8のように考える．よって，グループ分率は次のようになる．

$$X_{CH_3} = \frac{2x_1 + x_2}{6x_1 + 4x_2} = \frac{5}{18}$$

$$X_{CH_2} = \frac{4x_1 + 2x_2}{6x_1 + 4x_2} = \frac{10}{18} = \frac{5}{9}$$

$$X_{OH} = \frac{0x_1 + x_2}{6x_1 + 4x_2} = \frac{3}{18} = \frac{1}{6}$$

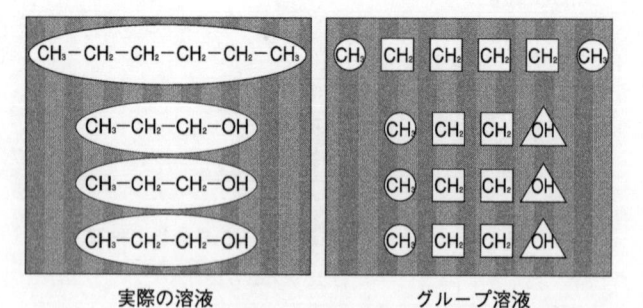

図 6.8 グループ分率

6.3 高圧気液平衡

6.3.1 状態方程式による組成計算

高圧気液平衡とは,平衡圧力が大気圧の数倍以上の範囲で測定された気液平衡をいう.高圧気液平衡の大部分は温度一定の条件で測定されたものである.図 6.9 に純粋なエタノールと水の蒸気圧曲線を示す.図のように水は 22.12 MPa, 650 K, メタノールは 8.10 MPa, 512.58 K で曲線が消滅してしまう.臨界温度以上の温度では液相は存在しないので,蒸気圧が存在しない.系を構成する成分中一つでもその臨界温度が系の温度よりも低ければ,その蒸気圧が計算できないので,溶液モデルは組成計算に使えない.そのため高圧気液平衡の組成計算では,第 3 章で述べた状態方程式を用いて計算するのが一般的である.高圧気液平衡の成立する条件でも式(6.5)が成り立つ.また各相のフガシティー f_i^V, f_i^L は気相および液相のフガシティー係数 φ_i^V, φ_i^L を使って表すと次のようになる.

$$f_i^V = p y_i \varphi_i^V \tag{6.33}$$

$$f_i^L = p x_i \varphi_i^L \tag{6.34}$$

高圧気液平衡についての計算は,気相と液相のいずれにも適用できる混合物の状態方程式を用い,気液各相のフガシティー係数を求めることで行える.第 3 章で説明したように,工業的に利用されている状態方程式としては種々の式がある.たとえば SRK 式を混合物系に適用すると次のようになる.

$$p = \frac{RT}{v - b_m} - \frac{a_m}{v(v + b_m)} \tag{6.35}$$

ここで v はモル体積,a_m と b_m は定数である.定数 a_m および b_m は以下のような混合則(ここでは簡易型混合則)を用いて,それぞれの純物質の定数 a

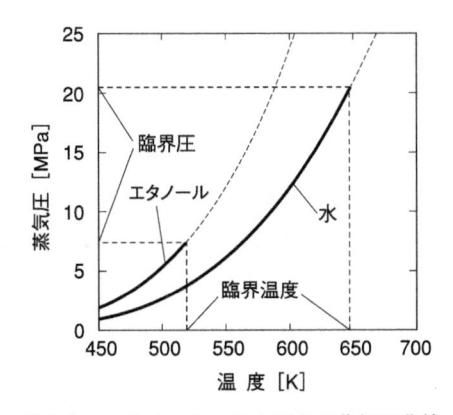

図 6.9 エタノール,および水の蒸気圧曲線

および b から決定できる．

$$a_\mathrm{m} = \sum_i\sum_j y_i y_j a_{ij} \tag{6.36}$$

$$b_\mathrm{m} = \sum_i\sum_j y_i y_j b_{ij} \tag{6.37}$$

$$a_{ij} = (1 - k_{ij})(a_i a_j)^{1/2} \tag{6.38}$$

$$b_{ij} = \frac{(1 - l_{ij})(b_i + b_j)}{2} \tag{6.39}$$

ここで k_{ij} および l_{ij} は相互作用パラメータである．

ところでSRK式を用いた場合のフガシティーは，次式(6.40)で与えられる熱力学的基礎式にSRK式を代入することによって求めることができる．

$$RT\ln\frac{f}{p} = \int_V^\infty \left(\frac{p}{n} - \frac{RT}{V}\right)dV + RT(Z-1) - RT\ln Z \tag{6.40}$$

SRK式を用いた純物質の場合には，フガシティー f は次のようになる．

$$\ln\frac{f}{p} = \ln\frac{v}{v-b} + \frac{a}{bRT}\ln\frac{v}{v+b} + Z - 1 - \ln Z \tag{6.41}$$

ただし Z は圧縮因子であり，次式で表される．

$$Z = \frac{pV}{RT} \tag{6.42}$$

一方，混合物系の場合には式(6.36)から(6.39)に示した混合則を用いると，成分 i のフガシティー f は次のようになる．

$$RT\ln\frac{f_i}{x_i} = \frac{RTb_i}{v-b} - RT\ln\frac{v-b}{RT} - \frac{a_\mathrm{m}b_i}{b_\mathrm{m}(v+b)}$$
$$+ \left\{2\sum_j x_j(aa)_{ij} - aa\frac{b_i}{b_\mathrm{m}}\right\}\frac{1}{b_\mathrm{m}}\ln\frac{v}{v+b} \tag{6.43}$$

なお純物質および二成分混合系について，フガシティーの導出を付録Kに示す．

6.3.2 状態方程式による蒸気圧計算

臨界温度に達する前の一成分系気液平衡状態について考えよう．温度が物質の臨界温度より低い場合，つまり図6.9の水の例においては650Kより低い温度の場合，蒸気圧曲線が存在している．したがって気液共存状態であることがわかる．

純物質のフガシティーは，式(6.41)を用いて計算できる．図6.10に状態

方程式(EOS)を利用した蒸気圧計算のフローチャートを示す.

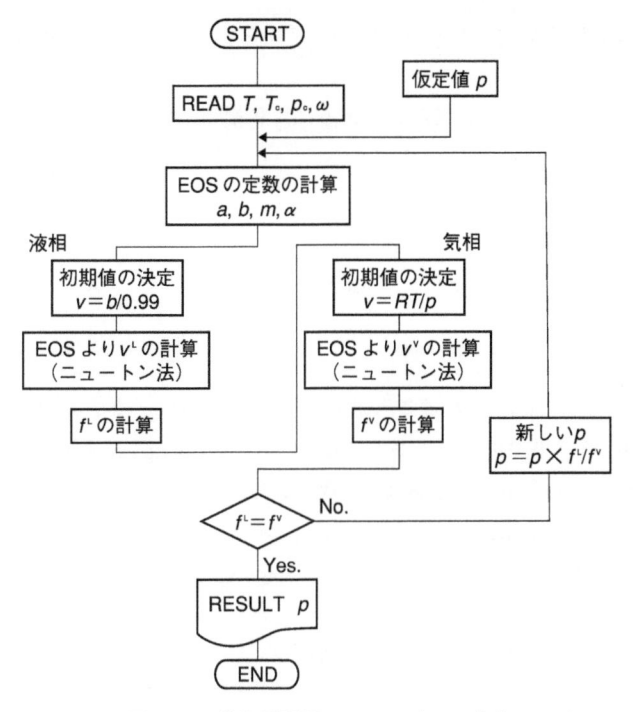

図 6.10 蒸気圧計算のフローチャート[4]

例題 6.5

360 K におけるメタノールの蒸気圧を SRK 式によって計算せよ.また相平衡にあるとき,液相と気相のフガシティーが等しくなることを確認せよ.ただし臨界温度 T_c,臨界圧 p_c,偏心因子 ω をそれぞれ表 6.4 に示す.また SRK 式より計算した平衡状態における気相の体積 v^V,液相の体積

表 6.4 メタノールの物性値

臨界温度 T_c[K]	臨界圧 p_c[atm]	偏心因子 ω[—]
512.6	79.9	0.559

表 6.5 SRK 式を用いたメタノールの蒸気圧の計算

T[K]	a	b	v^L[dm³]	v^V[dm³]	f^L[atm]	f^V[atm]	p[atm]
300	16.161	0.046	0.054	151.87	0.161	0.161	0.161
320	15.362	0.046	0.055	57.856	0.445	0.445	0.450
340	14.606	0.046	0.057	25.348	1.060	1.060	1.080
360	13.890	0.046	0.059	12.403	2.225	2.224	2.301
380	13.212	0.046	0.061	6.614	4.208	4.206	4.447
400	12.567	0.046	0.064	3.776	7.286	7.288	7.928

v^L，気相のフガシティー f^V，液相のフガシティー f^L をそれぞれ表 6.5 に示す．

解 式 (6.41) と (6.42) で示したように，各相でのフガシティー f は次式によって求められる．

$$\ln\frac{f}{p} = \ln\frac{v}{v-b} + \frac{a}{bRT}\ln\frac{v}{v+b} + Z - 1 - \ln Z \qquad (6.44)$$

ここで Z は圧縮因子であり，次式で表される．

$$Z = \frac{pv}{RT} \qquad (6.45)$$

したがって 360 K における液相のフガシティー f^L は $T = 360$ K，$a = 13.890$，$b = 0.046$，$v^L = 0.059$ L，$p = 2.301$ atm，$R = 0.082$ atm·L·mol^{-1}·K^{-1} を式 (6.44) と (6.45) に代入して

$$f^L = 2.225 \text{ atm}$$

となる．同様に気相のフガシティー f^V も

$$f^V = 2.225 \text{ atm}$$

となって両者が等しいことがわかる．

6.3.3 高圧気液平衡組成計算

状態方程式は混合物の気液平衡組成計算に適用できる．したがって温度 T について圧力 p と混合物のモル体積 v の関係をプロットすると 52 ページの図 3.8 に示したような p-v-T 関係が得られる．

ここで，たとえば T_0 で圧力 p_0 を指定すると三つの点が与えられる．このとき最大のモル体積 v を与える点が液モル体積 v^L を与え，最小の v を与える点が気モル体積 v^V を与える．ここで求めたそれぞれのモル体積から各相のフガシティー f^V と f^L を算出することができる．また高圧気液平衡では次節に示す K の値を用いて，図 6.11 のフローチャートに従い，高圧気液平衡組成の計算が可能である．

6.4 液液平衡

食用のドレッシングを放置すると，油の相と水の相に分離することがある．このように，液体どうしが平衡状態で二相を形成することを**液液平衡**(liquid-liquid equilibrium)という．これは理想溶液からのずれが大きくなると液相が不均一となり，二液相を形成するためである．工業的には水と互いに混ざりにくいプロパノールなどの有機溶剤と水で液液平衡を形成し，その二相間に目的物質を分配させ，その目的物質の二相間での濃度差を利用して目

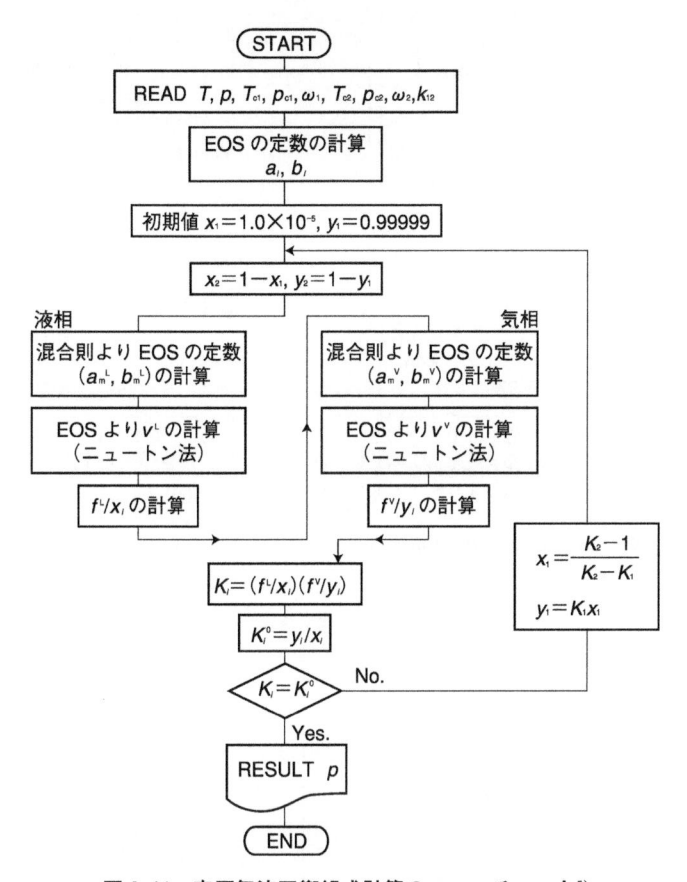

図 6.11 高圧気液平衡組成計算のフローチャート[5]

的物質を分離する抽出操作などに利用されている．ここでは低分子系，および高分子系の液液平衡について調べていく．

6.4.1 液液平衡の種類

液液平衡は，各液相が互いに飽和の状態まで他方を溶解したのちに二相となる状態であり，二成分系の溶解度と温度の関係としては，おもに図 6.12 に示す三通りがあげられる．(a)は温度が上昇すると完全に溶解するタイプであり，この点を上部臨界温度，上部臨界組成という．これは最も多く存在するタイプである．(b)は逆に温度を下げていくと完全に溶解するタイプであり，この点を下部臨界温度，下部臨界組成という．(c)は最も少ないタイプで，二つの臨界溶解温度を示すタイプである．

三成分系で最も多くみられるのは図 6.13 に示すタイプであり，(a)は一組の二成分系にだけ不溶解組成範囲があるものである．図では溶解度曲線で二液相領域が示され，二液相領域では平衡状態にある液相 I と液相 II の組成がタイラインで結ばれている．溶解度曲線上の点 P でタイラインは最も

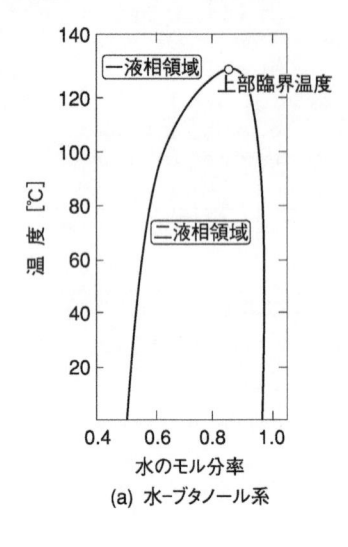

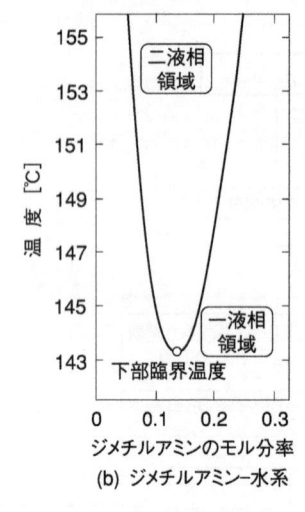

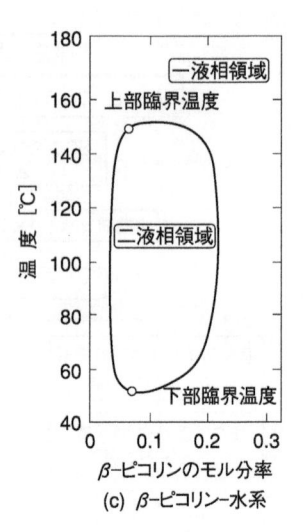

図 6.12　二成分系の液液平衡[5]

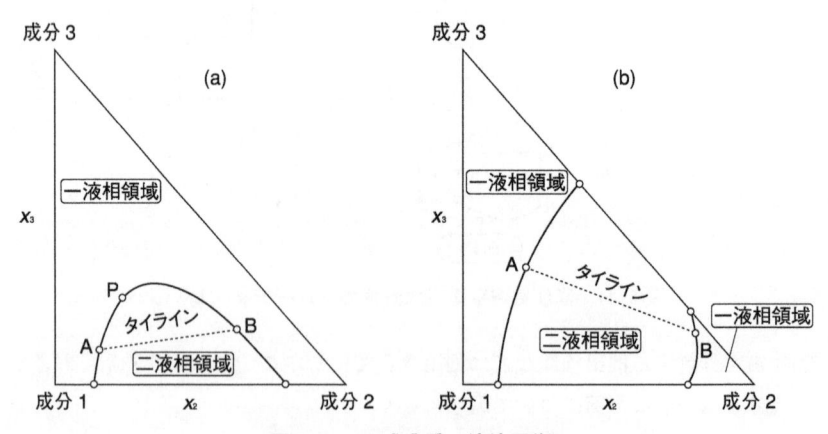

(a) 水–ブタノール系
(b) ジメチルアミン–水系
(c) β–ピコリン–水系

図 6.13　三成分系の液液平衡[5]

短くなり，液相Ⅰと液相Ⅱの組成が等しくなる．点 P はプレイトポイントと呼ばれる．一方，(b) は二組の二成分系に部分溶解性があるタイプで，プレイトポイントは存在しない．

さて以下で，二成分系の液液平衡計算の基礎式を導出しよう．まず液相Ⅰと液相Ⅱが平衡状態にあるとき，各相の成分 i のフガシティー f_i^I, f_i^II が等しいことにより次式が成り立つ．

$$f_i^\mathrm{I} = f_i^\mathrm{II} \tag{6.46}$$

ここで f_i^I, f_i^II は，それぞれの活量係数 γ_i^I, γ_i^II を用いて次式のように表せる．

$$f_i^\mathrm{I} = \gamma_i^\mathrm{I} x_i^\mathrm{I} p_i^\circ, \quad f_i^\mathrm{II} = \gamma_i^\mathrm{II} x_i^\mathrm{II} p_i^\circ \tag{6.47}$$

よって式(6.46)と(6.47)より，以下の式が導ける．

$$\gamma_i^{\mathrm{I}} x_i^{\mathrm{I}} = \gamma_i^{\mathrm{II}} x_i^{\mathrm{II}} \tag{6.48}$$

さてこれを二成分系の場合に適用すると，以下の式になる．

$$\gamma_1^{\mathrm{I}} x_1^{\mathrm{I}} = \gamma_1^{\mathrm{II}} x_1^{\mathrm{II}}, \ \gamma_2^{\mathrm{I}} x_2^{\mathrm{I}} = \gamma_2^{\mathrm{II}} x_2^{\mathrm{II}} \tag{6.49}$$

ここで式(6.49)より，K_i を次のように導入する．

$$K_1 = \frac{x_1^{\mathrm{II}}}{x_1^{\mathrm{I}}} = \frac{\gamma_1^{\mathrm{I}}}{\gamma_1^{\mathrm{II}}}, \ K_2 = \frac{x_2^{\mathrm{II}}}{x_2^{\mathrm{I}}} = \frac{\gamma_2^{\mathrm{I}}}{\gamma_2^{\mathrm{II}}} \tag{6.50}$$

式(6.50)より

$$x_1^{\mathrm{II}} = K_1 x_1^{\mathrm{I}}, \ x_2^{\mathrm{II}} = K_2 x_2^{\mathrm{I}} = K_2(1 - x_1^{\mathrm{I}}) \tag{6.51}$$

を得る．これを以下の関係

$$x_1^{\mathrm{II}} + x_2^{\mathrm{II}} = 1$$

に代入すると

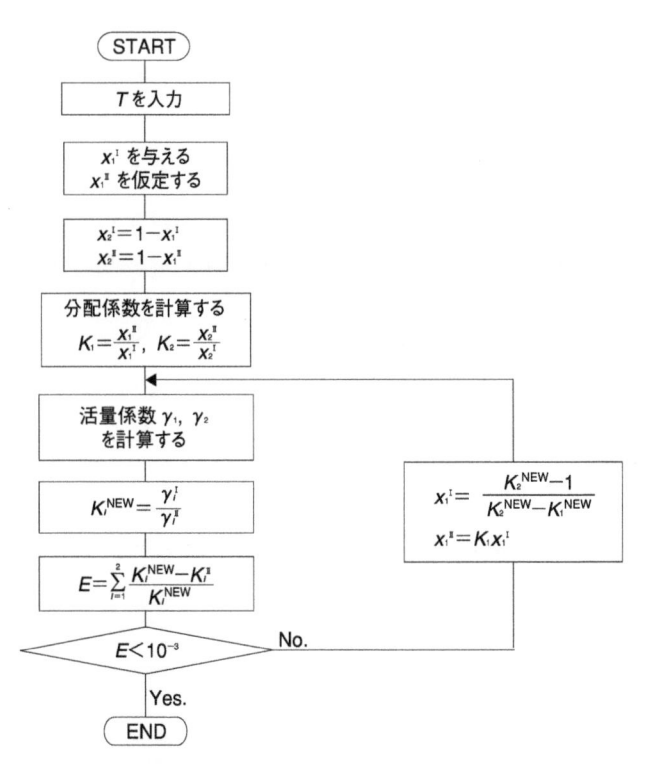

図 6.14 二成分系の液液平衡組成計算のフローチャート[5]

$$K_1 x_1^{\mathrm{I}} + K_2(1 - x_1^{\mathrm{I}}) = 1$$
$$x_1^{\mathrm{I}}(K_1 - K_2) = 1 - K_2$$
$$x_1^{\mathrm{I}} = \frac{1 - K_2}{K_1 - K_2} \tag{6.52}$$

よって式(6.52)と(6.51)より，二成分系の液液平衡計算の基礎式は以下のようになる．

$$x_1^{\mathrm{I}} = \frac{1 - K_2}{K_1 - K_2} \tag{6.53}$$
$$x_1^{\mathrm{II}} = K_1 x_1^{\mathrm{I}} \tag{6.54}$$

式(6.53)および(6.54)について，図6.14に示したフローチャートに従って計算を行うと，二成分系の液液平衡組成が求まる．

例題 6.6

三成分系の液液平衡計算の基礎式を導出せよ

解 液液平衡の条件は式(6.48)に示したようにn成分系の場合，以下のように表せる．

$$\gamma_i^{\mathrm{I}} x_i^{\mathrm{I}} = \gamma_i^{\mathrm{II}} x_i^{\mathrm{II}} \tag{6.55}$$

また式(6.50)と同様に，K_iを次のように定義する．

$$K_i = \frac{x_i^{\mathrm{II}}}{x_i^{\mathrm{I}}} = \frac{\gamma_i^{\mathrm{I}}}{\gamma_i^{\mathrm{II}}} \tag{6.56}$$

式(6.56)より

$$x_i^{\mathrm{II}} = K_i x_i^{\mathrm{I}} \tag{6.57}$$

となる．また

$$x_1^{\mathrm{I}} + x_2^{\mathrm{I}} + x_3^{\mathrm{I}} = 1, \quad x_1^{\mathrm{II}} + x_2^{\mathrm{II}} + x_3^{\mathrm{II}} = 1$$

であるので，式(6.57)を使えば以下のようになる．

$$K_1 x_1^{\mathrm{I}} + K_2 x_2^{\mathrm{I}} + K_3 x_3^{\mathrm{I}} = 1$$
$$K_1 x_1^{\mathrm{I}} + K_2 x_2^{\mathrm{I}} + K_3(1 - x_1^{\mathrm{I}} - x_2^{\mathrm{I}}) = 1$$
$$K_1 x_1^{\mathrm{I}} + K_2 x_2^{\mathrm{I}} + K_3 - K_3 x_1^{\mathrm{I}} - K_3 x_2^{\mathrm{I}} = 1$$
$$x_2^{\mathrm{I}}(K_2 - K_3) = 1 + K_3 x_1^{\mathrm{I}} - K_1 x_1^{\mathrm{I}} - K_3$$
$$= x_1^{\mathrm{I}}(K_3 - K_1) + 1 - K_3 \tag{6.58}$$

したがって，三成分系の液液平衡計算の基礎式は次のようになる．

$$x_2^{\mathrm{I}} = \frac{x_1^{\mathrm{I}}(K_3 - K_1) + 1 - K_3}{K_2 - K_3} \tag{6.59}$$

$$x_3^{\mathrm{I}} = 1 - x_2^{\mathrm{I}} - x_1^{\mathrm{I}} \tag{6.60}$$
$$x_1^{\mathrm{II}} = K_1 x_1^{\mathrm{I}} \tag{6.61}$$
$$x_2^{\mathrm{II}} = K_2 x_2^{\mathrm{I}} \tag{6.62}$$

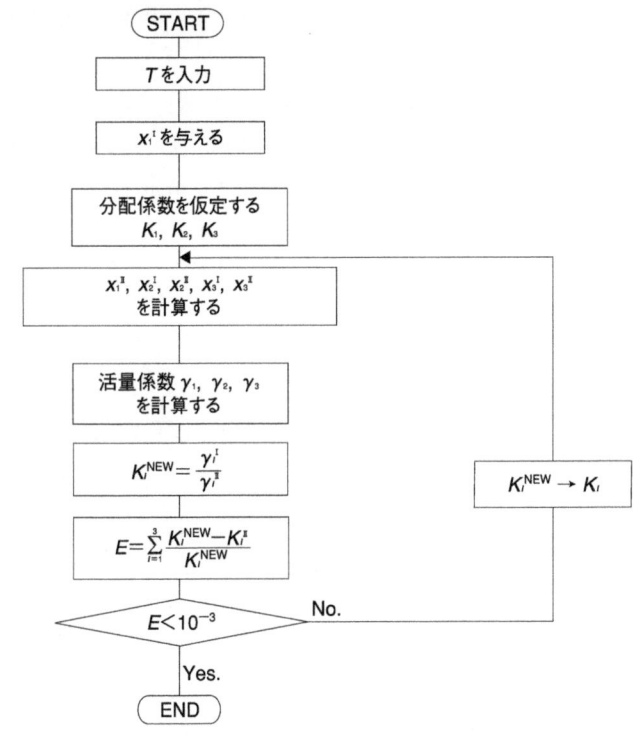

図 6.15 三成分系の液液平衡組成計算のフローチャート[5]

$$x_3^{II} = K_3 x_3^{I} \tag{6.63}$$

これらを図 6.15 に示すフローチャートに従い計算すると，三成分系の液液平衡組成を計算できる．

6.4.2 高分子系液液平衡

高分子系液液平衡とは高分子が溶媒に溶け相分離した状態のように，高分子と低分子溶媒が二相をなして液液平衡に達した状態である．この現象は第1章で説明した水性二相分配法にも利用されている．この系は低分子系液液平衡と違い複雑な相挙動を示す．高分子系液液平衡で使われる活量係数式のおもなものには Flory と Huggins による改良式，UNIFAC-FV 式などがある．

6.5 固液平衡

二成分系の固液平衡では，二つの成分がある割合で溶け合い固溶体をつくる場合と，二つの成分がまったく溶け合わない場合に分類できる．また部分

的に溶解する場合や化合物をつくる場合もあり，この場合の状態図は複雑になる．

図6.16は o-キシレン – p-キシレンの固液平衡を示す図である．図中の点Eは共融点といい，このときの温度，組成を共融温度，共融組成と呼ぶ．この系を構成する溶液を冷却することにより析出する結晶は，理論的に純粋である．

さて固液平衡にあるとき，純液体および純固体の成分 i のそれぞれのフガシティー f_i^L, f_i^S は互いに等しい．すなわち

$$f_i^L = f_i^S \tag{6.64}$$

f_i^L, f_i^S はそれぞれの活量係数 γ_i^L, γ_i^S を用いて以下のように表せる．

$$f_i^L = \gamma_i^L x_i^L f_{i,\mathrm{Id}}^L \tag{6.65}$$
$$f_i^S = \gamma_i^S x_i^S f_{i,\mathrm{Id}}^S \tag{6.66}$$

ここで $f_{i,\mathrm{Id}}^L$, $f_{i,\mathrm{Id}}^S$ は純液体の成分 i および純固体の成分 i のフガシティーである．式(6.64)～(6.66)より次式が与えられる．

$$\gamma_i^L x_i^L f_{i,\mathrm{Id}}^L = \gamma_i^S x_i^S f_{i,\mathrm{Id}}^S \tag{6.67}$$

ところで $f_{i,\mathrm{Id}}^S$ と $f_{i,\mathrm{Id}}^L$ の比をとると，熱力学的に次式が求められる．

$$\frac{f_{i,\mathrm{Id}}^S}{f_{i,\mathrm{Id}}^L} = \left(\frac{T}{T_i^m}\right)^{\Delta C_i / R} \exp\left\{\frac{T - T_i^m}{RT}\left(\frac{\Delta h_i^f}{T_i^m} - \Delta C_i\right)\right\} \tag{6.68}$$

ここで T_i^m, ΔC_i, Δh_i^f はそれぞれ成分 i の融点，液相と固相のモル熱容量差，モル融解熱である．液相，固相ともに理想溶液とするとラウールの法則より，式(6.67)は以下のようになる．

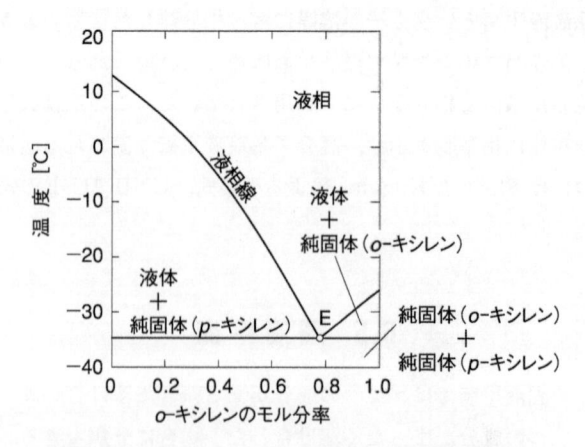

図6.16　o-キシレン – p-キシレン系の固液平衡[6]

$$x_i^\mathrm{L} f_{i,\mathrm{ld}}^\mathrm{L} = x_i^\mathrm{S} f_{i,\mathrm{ld}}^\mathrm{S} \tag{6.69}$$

すでに述べたように，この系を冷却して析出する固相は純成分の固体であるから $x_i^\mathrm{S} = 1$．したがって

$$x_i^\mathrm{L} = \frac{f_{i,\mathrm{ld}}^\mathrm{S}}{f_{i,\mathrm{ld}}^\mathrm{L}} \tag{6.70}$$

ゆえに理想溶液の場合，式(6.68)より次式が成り立つ．

$$x_i^\mathrm{L} = \left(\frac{T}{T_i^\mathrm{m}}\right)^{\Delta C_i / R} \exp\left\{\frac{T - T_i^\mathrm{m}}{RT}\left(\frac{\Delta h_i^\mathrm{f}}{T_i^\mathrm{m}} - \Delta C_i\right)\right\} \tag{6.71}$$

例題 6.7

トルエン-p-キシレン系の 1 atm (101.325 kPa) における固液平衡計算を行え．ただし，この系は理想溶液であり，単純な共融点を持つものとする．また計算には表 6.6 の物性値を用いよ．

表 6.6 トルエンと p-キシレンの物性値

	融点 T^m[K]	融解熱 Δh^m[cal·mol^{-1}]	液相と固相のモル熱容量差 ΔC[cal·mol^{-1}·K^{-1}]
トルエン	178.16	1579	11.611
p-キシレン	286.41	4090	5.961

解 理想溶液で，かつ単純な共融点を持つという仮定から式(6.71)を用いることができる．下つきの添字 1 でトルエンを，2 で p-キシレンを表すものとし，式(6.71)を書き下すと

$$x_1^\mathrm{L} = \left(\frac{T}{T_1^\mathrm{m}}\right)^{\Delta C_1 / R} \exp\left\{\frac{T - T_1^\mathrm{m}}{RT}\left(\frac{\Delta h_1^\mathrm{f}}{T_1^\mathrm{m}} - \Delta C_1\right)\right\} \tag{6.72}$$

$$x_2^\mathrm{L} = \left(\frac{T}{T_2^\mathrm{m}}\right)^{\Delta C_2 / R} \exp\left\{\frac{T - T_2^\mathrm{m}}{RT}\left(\frac{\Delta h_2^\mathrm{f}}{T_2^\mathrm{m}} - \Delta C_2\right)\right\} \tag{6.73}$$

表 6.6 で与えられた値と気体定数 $R = 1.987$ cal·K^{-1}·mol^{-1} を式(6.72), (6.73)に代入すると次のようになる．

$$x_1^\mathrm{L} = \left(\frac{T}{178.16}\right)^{11.611/1.987} \exp\left\{\frac{T - 178.16}{1.987\,T}\left(\frac{1579}{178.16} - 11.611\right)\right\} \tag{6.74}$$

$$x_2^\mathrm{L} = \left(\frac{T}{286.41}\right)^{5.961/1.987} \exp\left\{\frac{T - 286.41}{1.987\,T}\left(\frac{4090}{286.41} - 5.961\right)\right\} \tag{6.75}$$

ところで，いま

$$x_1^\mathrm{L} + x_2^\mathrm{L} = 1$$

の関係が成り立っている．式(6.74)と(6.75)を代入すると

$$\left(\frac{T}{178.16}\right)^{5.84}\exp\left\{\frac{-1.383(T-178.16)}{T}\right\}$$
$$+\left(\frac{T}{286.41}\right)^{3}\exp\left\{\frac{4.187(T-286.41)}{T}\right\}=1$$

上式が成立する温度 T が共融温度である．いま $T=177.43\,\mathrm{K}$ と仮定すると

（左辺）$=1$

したがって共融温度が $177.43\,\mathrm{K}$ とわかる．また共融組成は式(6.74)に $T=237.35\,\mathrm{K}$ を代入して

$x_1^{\mathrm{L}} = 0.9818$

固液平衡の計算については，$T_1^{\mathrm{m}}=178.16\,\mathrm{K}$ から $T=177.43\,\mathrm{K}$ の範囲では，式(6.74)を整理した式を用いる．

$$x_1^{\mathrm{L}}=\left(\frac{T}{178.16}\right)^{5.84}\exp\left\{\frac{-1.383(T-178.16)}{T}\right\} \tag{6.76}$$

$T_2^{\mathrm{m}}=286.41\,\mathrm{K}$ から $T=177.43\,\mathrm{K}$ の範囲では，式(6.75)を整理した次式を用いる．

$$x_2^{\mathrm{L}}=\left(\frac{T}{286.41}\right)^{3}\exp\left\{\frac{4.187(T-286.41)}{T}\right\} \tag{6.77}$$

たとえば $T=178.0\,\mathrm{K}$ とすると，共融組成は式(6.76)より次のように求まる．

表 6.7　トルエン–p-キシレン系の固液平衡の計算値

$T\,[\mathrm{K}]$	190	220	250	270	280
x_1^{L}	0.9651	0.8719	0.6386	0.3505	0.1510

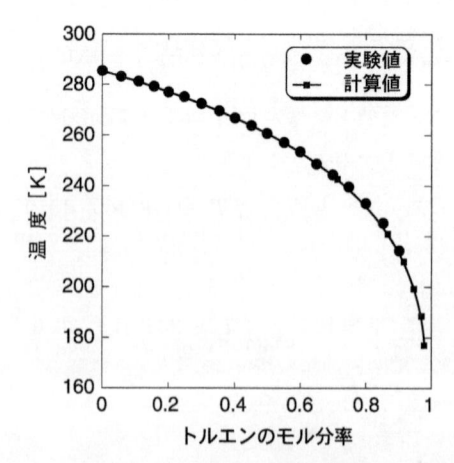

図 6.17　トルエン–p-キシレン系の固液平衡の計算値

$x_1^L = 0.9963$

同様に求めた固液平衡の値は表 6.7 のようになる．これらの計算結果を図 6.17 に示した．図には実験値もプロットされており，計算値とは良好な一致を示している．

この章のまとめ

熱力学の化学への応用のうちで最も重要なものは，化学反応における平衡状態を計算することだろう．反応をある一定の収率まで進行させるために十分ではないが，必要な条件を熱力学によって求めることができる．

企業における研究では，望む反応に適した触媒を探すのに費やす努力と資金は莫大である．もし熱力学的研究がなかったなら，熱力学的には反応が起こらない条件下で反応を生じさせようとして，多くの努力が無駄になってしまうだろう．

章末問題

1. メタノール–水系の気液平衡について，以下の問に答えよ．ただしアントワン式については式 (6.16) を，アントワン定数については表 6.2 を参照せよ．
   (a) 標準沸点におけるメタノールと水，それぞれの蒸気圧を求めよ．
   (b) 60 °C におけるメタノールと水，それぞれの蒸気圧をアントワン式により求めよ．

2. メタノール–水系の 500 mmHg における気液組成をラウールの法則を用いて計算するプログラムを作成し，以下の表を完成せよ．

$x_1 [-]$	$y_1 [-]$	$T [°C]$
0.0	0.0	88.71
0.2		
0.4		
0.6		
0.8		
1.0		

3. マーギュレス式を用いてメタノール–水系の 500 mmHg における気液組成を計算するプログラムを作成し，次ページの表を完成せよ．ただし下つきの添字 1 はメタノール，2 は水を表す．またマーギュレス定数は $A_{12} = 0.8158$，$A_{21} = 0.4388$ とする．

x_1 [—]	y_1 [—]	T [°C]	γ_1 [—]	γ_2 [—]	$\ln \gamma_1$ [—]	$\ln \gamma_2$ [—]
0.0	0.0	88.71	2.261	1.000	0.8158	0.0
0.2						
0.4						
0.6						
0.8						
1.0						

4. マーギュレス式を用いてメタノール-水系の 60 ℃ における気液組成を計算するプログラムを作成し，下の表を完成せよ．ただし下つきの添字 1，2 はそれぞれメタノール，水を表す．またマーギュレス定数は $A_{12} = 0.8158$, $A_{21} = 0.4388$ とする．

x_1 [—]	y_1 [—]	p [mmHg]	γ_1 [—]	γ_2 [—]	$\ln \gamma_1$ [—]	$\ln \gamma_2$ [—]
0.0	0.0	149.0	2.261	1.000	0.8158	
0.2						
0.4						
0.6						
0.8						
1.0						

5. SRK 式を用いて 310.95 K，5.00 MPa におけるメタン-硫化水素系の高圧気液平衡組成を計算せよ．ただし相互作用パラメータをそれぞれ $k_{ij} = 0.115$, $l_{ij} = 0.0$ とする．

7章 反応速度論

 平衡について考えることで，その反応がどこまで進むのかを決めることができる．しかし，これだけでは実際に起こる現象を予測することはできない．ダイヤモンドは放置しておいてもグラファイトにはならない．自由エネルギー変化を計算すると，たしかに反応はグラファイト側に進むことがわかる．しかし反応速度がきわめて小さいので，通常の環境ではダイヤモンドは変化しないと考えてもよいだけなのである．

 化学反応を実際に役立てようとすると，まず，その反応がどちらの方向にどこまで進行するかという平衡について知る必要がある．起こりえない反応をいくら調べても無駄である．

 望む反応が進行することがわかれば，次に反応速度の問題となる．反応速度について調べることは現実的な問題を解決することに役立つ．環境問題においても，さまざまな反応がどれほどの速度で進むのかを知ることは大切である．たとえば，これは地球規模で起こるさまざまな現象を解明することに役立つ．化学プロセスにおいて反応装置を設計する場合にも，反応速度がわからなければ設計できない．本章では，反応速度の基礎について学ぶ．

7.1 化学反応の分類

 水酸化ナトリウム水溶液と塩酸を混合して中和反応を行う場合には，反応は液体のみで起こると考えてよい．またガスコンロのようにメタンガスが空気中の酸素と反応して燃焼する場合には，反応物も生成物も気体である．このように反応が均質な単一の相で起こる場合を**均一反応**(homogeneous reaction)と呼ぶ．

 これに対して第1章で述べた排煙脱硫は，気体に含まれる硫黄酸化物を液

相に吸収して反応を進める，気体と液体とが関与する気液反応である．重質油の脱硫反応は液状の原料油と気体である水素，さらには固体の触媒が関与する複雑な反応である．このような場合を**不均一反応**（heterogeneous reaction）と呼ぶ．

7.2 反応操作の分類

反応器（reactor）は操作方法，形状および装置内における反応流体の流れの様相などから分類される．ここでは，その分類で利用される操作方法について説明する．

回分操作（batch operation）とは次のようなものである．すなわち，まず図7.1(a)に示すように1回の生産に必要な反応原料や触媒を反応器に仕込み，反応温度を適切に制御しながら かくはんして反応を進行させる．適当な時間が経過したのち，反応混合物を取りだして反応を停止させる．これが回分操作である．操作ごとに温度や反応時間などの条件を変更することが可能であるし，1回の操作中でも温度を変化させたりすることができる．この反応操作は小規模生産や，長期間にわたる無菌操作が必要な微生物反応などに利用されている．

連続操作（continuous operation）は図7.1(b)に示すように，反応原料を連続的に反応器に供給しながら，製品を出口から連続的に取りだす操作方法である．連続操作は自動制御しやすく，比較的手数がかからずに均一な品質の製品が得られるため，化学工業などの大規模生産に適している．すでに述べた重質油の脱硫反応は連続操作で行われている．

> **連続操作を行う反応器**
> 反応物の流れといった観点から連続操作を行う反応器を分類すると，連続槽型反応器と管型反応器となる．前者は図7.1(b)のようにかくはん翼で反応物をよく混合しながら，供給と排出を行う．後者は管の一方から原料を供給し，管内を移動する間に反応を進行させ，他方から生成物を排出する．

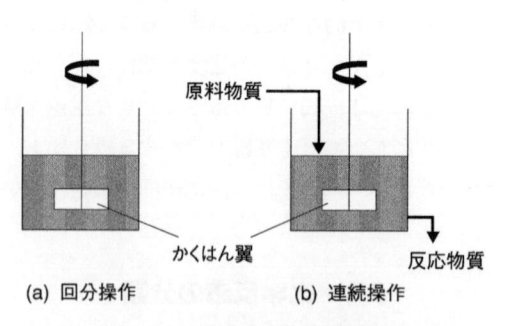

(a) 回分操作   (b) 連続操作

図 7.1　回分操作と連続操作

7.3 反応速度式

7.3.1 反応速度

次に示すような，一般化された反応式について考えてみよう．

7.3 反応速度式

$$aA + bB \longrightarrow cC + dD \tag{7.1}$$

反応式の左辺は**反応物**(reactant)，右辺は**生成物**(product)と呼ばれる．

さて，たとえば成分Aの**反応速度**(reaction rate) r_A は単位時間当りのモル濃度の変化で，単位は $mol \cdot m^{-3} \cdot s^{-1}$ で表される．成分Aは反応物であるので，その濃度は時間とともに減少する．したがって，反応速度 r_A は負の値を持つ．これは式(7.1)の成分Bについても同様である．一方，生成物である成分CおよびDの反応速度 r_C および r_D は正の値となる．

各成分の反応速度の絶対値をそれぞれの量論係数 a, b, c, d で割った値はそれぞれ等しくなり，量論式に対する反応速度 r として定義できる．

$$r = -\frac{r_A}{a} = -\frac{r_B}{b} = \frac{r_C}{c} = \frac{r_D}{d} \tag{7.2}$$

ある反応について量論係数の比を変えると，式(7.2)で求められる r の値は異なってくるので注意が必要である．

> これについては P. W. Atkins 著，『物理化学・下(第2版)』(千原秀昭，中村亘男訳)，東京化学同人(1985)，あるいは W. J. Moore 著，『物理化学・下(第3版)』(藤代亮一訳)，東京化学同人(1976)を参照せよ．

例題 7.1

以下の反応式

$$A \longrightarrow 2C$$

で表される反応において，成分Aの反応速度が $r_A = -1 \, mol \cdot m^{-3} \cdot s^{-1}$ であった．成分Cの反応速度 r_C はいくらか．また量論式に対する反応速度 r を求めよ．さらに反応式が

$$\frac{1}{2}A \longrightarrow C$$

で表されるときの量論式に対する反応速度 r' を求めよ．

解 式(7.2)より

$$r = -\frac{r_A}{a} = \frac{r_C}{c} = -\frac{-1}{1} = \frac{r_C}{2}$$

したがって

$$r_C = 2 \, mol \cdot m^{-3} \cdot s^{-1}$$

また

$$r = 1 \, mol \cdot m^{-3} \cdot s^{-1}$$

である．同様に r' は成分Aについて考えて

$$r' = -\frac{-1}{1/2} = 2 \, mol \cdot m^{-3} \cdot s^{-1}$$

となる．もちろん成分Cについて考えても同じ結果を得る．

7.3.2 反応次数

　反応速度は反応物の**濃度**(concentration)によって変わる．一般に，反応物の濃度が高いほど反応速度も大きくなる．ただし，反応物の濃度と反応速度が比例するとは限らない．反応物が成分Aと成分Bからなる場合に，次のように反応速度 r を表すことができる場合がある．ただし C_A, C_B はそれぞれ成分A, Bの濃度である．

$$r = kC_A{}^m C_B{}^n \tag{7.3}$$

ここで k は反応の速度定数であり，指数 m, n は反応次数と呼ばれる．そして，このとき成分Aについて m 次反応，成分Bについて n 次反応であるという．実験的に求められる反応次数は整数にならない場合が多く，場合によっては負の値で結果が整理できることもある．さらに，どのような反応次数を用いても反応速度を式(7.3)のかたちで表すことができない場合もある．これは，反応が進行する過程がいくつもの**素反応**(elementary reaction)から構成されるような反応の場合に起こる．

> **素反応**
> 反応式で表される分子と分子の反応が，実際の現象に直接対応している反応のこと．

7.3.3 一次反応

　一次反応は，反応速度 r_A が反応物の濃度 C_A に比例する反応である．すなわち式(7.4)で表される．

$$r_A = -\frac{dC_A}{dt} = kC_A \tag{7.4}$$

$t = 0$ での成分Aの濃度を C_{A0} とすれば，任意の時刻 t での成分Aの濃度 C_A は式(7.4)を積分することによって，次式で与えられる．

$$C_A = C_{A0} \exp(-kt) \tag{7.5}$$

　一次反応では，図7.2に示す曲線のように成分Aの濃度 C_A は時間ととも

> **反応速度が単純に表せない場合**
> いくつもの素過程から構成されるような過程で進行する反応の速度を求める場合には，定常状態近似や律速段階近似といった方法が利用される．これらの方法については反応速度論や反応工学についての専門書を参考にしてほしい．

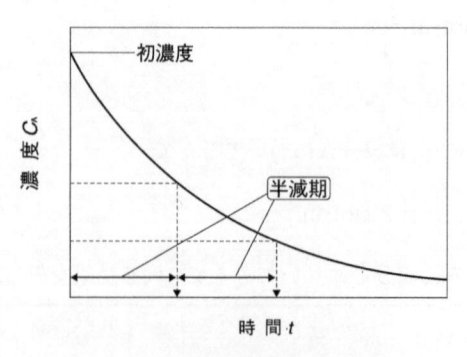

図7.2　一次反応における濃度変化

に減少していく．

例題 7.2

以下の反応式

$$A \longrightarrow C$$

で表される一次反応を成分Aのみで始めた．このとき成分Aが20%減少するのに5分かかった．反応開始後20分では，成分Aの濃度は何%に減少するか．

解 5分後，すなわち時刻 $t = 300\,\text{s}$ における成分Aの濃度 C_A は，$t = 0$ での成分Aの濃度を C_{A0} とすると

$$C_A = 0.8 C_{A0}$$

と表される．したがって式(7.5)より

$$\exp(-300k) = 0.8$$
$$-300k = \ln 0.8$$
$$k = 0.000744\,\text{s}^{-1}$$

となる．20分後，つまり $t = 1200\,\text{s}$ での C_A は式(7.5)より次のようになる．

$$\frac{C_A}{C_{A0}} = \exp(-0.000744 \times 1200) = 0.41$$

つまり成分Aの濃度は41%にまで減少することがわかる．

濃度が，ある時刻の濃度の半分になるまでの時間を**半減期**（half life）$t_{1/2}$ と呼ぶ．$C_A/C_{A0} = 1/2$ を式(7.5)に代入すれば，半減期 $t_{1/2}$ は次式で表される．

$$t_{1/2} = \frac{1}{k}\ln 2 \tag{7.6}$$

一次反応では図7.2に示すように，半減期は濃度と無関係になる．これは一次反応の特徴であり，どの濃度を基準にしても，半減期は反応速度定数 k で決まる一定の値になる．したがって半減期がわかると，反応速度も容易に求められる．

半減期と濃度
一次反応以外の反応においては，半減期は濃度の影響を受ける．

例題 7.3

放射性物質は時間とともに崩壊してその量が減る．この場合にも，最初にあった放射性物質の量が半分になるまでの時間を半減期と呼ぶ．半減期は放射性物質によって異なる．

考古学においては，放射性炭素年代測定が強力な武器となっている．地

球大気に含まれる炭素のうち1兆個に1個は質量数が14の炭素 ^{14}C である．大気上空において炭素原子に宇宙線が衝突することによって常に ^{14}C が生じ，これは β 線を放出しながら半減期5730年で炭素原子に戻っている．

さて生物が死んで新たな炭素の取込みがなくなると，^{14}C は崩壊する一方になる．したがって試料中の $^{14}C/^{12}C$ 比を測定すれば，その試料が地球大気より隔離されてから経過した時間を推算することができる．

いま炭素濃度1000兆分の1が測定限界とすれば，推測できる最も古い年代はどれくらいになるか．

解 半減期 $t_{1/2}$ は5730年，すなわち 1.81×10^{11} s である．したがって式(7.6)から k を求めると，$k = 3.83 \times 10^{-12}$ s^{-1} となる．濃度変化について考えれば，^{14}C が1兆個に1個から1000兆個に1個になるので，濃度としては1/1000になる．したがって式(7.5)より $t = 1.80 \times 10^{12}$ s，つまり 57,000 年となる．

7.3.4 可逆反応

ここまで述べてきた反応は平衡定数が非常に大きく，反応物がすべて生成物になると考えても実用上問題がない場合である．一方で平衡定数が1に近く，式(7.1)などで左向きに進むような逆反応が無視できない反応を**可逆反応**（reversible reaction）という．窒素 N_2 と水素 H_2 からのアンモニア合成はよく取りあげられる例の一つである．仮に 500 ℃，600 atm といった条件で十分に大きな速度で反応が進行したとしても，体積割合でアンモニア NH_3 が約 40% まで生成したところで見かけ上，反応は止まる．

$$N_2 + 3H_2 \rightleftarrows 2NH_3 \tag{7.7}$$

図7.3には正反応，逆反応それぞれの速度が時間とともに変化する様子を示す．正反応の速度は反応物濃度が減少するとともに小さくなる．一方，逆反応の速度は生成物濃度が徐々に高くなるので増加していく．平衡に達したときには反応が起こらないのではなく，正逆両方向への反応速度の大きさが等しくなって，反応に関与する物質の濃度が変化しなくなっているだけである．

次の式

$$A \rightleftarrows C$$

で表される可逆反応において，いずれの方向への反応速度も濃度の一次式で表される場合，反応速度 $r_A = -dC_A/dt$ は次のように表される．

アンモニア合成装置
実際のアンモニア合成装置においては，反応装置からでてきた混合物から生成物を分離し，未反応の原料を再び反応装置に戻すというリサイクルを行って，原料を有効に利用している．

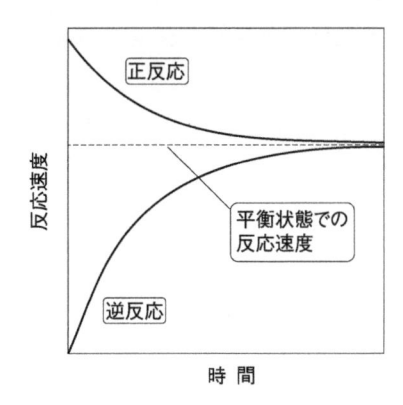

図 7.3 反応速度の変化

$$r_A = -\frac{dC_A}{dt} = kC_A - k'C_C \tag{7.8}$$

ここで k, k' はそれぞれ正反応, 逆反応の速度定数, C_A, C_C はそれぞれ成分 A, C の濃度である. 初めに含まれる成分 A の濃度を C_{A0}, 成分 C の濃度を C_{C0} とすると, 式(7.8)は

$$-\frac{dC_A}{dt} = kC_A - k'(C_{C0} + C_{A0} - C_A) \tag{7.9}$$

となる. この微分方程式(7.9)を $t = 0$ で $C_A = C_{A0}$, $C_C = C_{C0} = 0$ という初期条件で解くと, 成分 A の濃度 C_A は次式で表される.

$$C_A = \frac{C_{A0}}{k + k'}[k' + k\exp\{-(k + k')t\}] \tag{7.10}$$

例題 7.4

いま成分 A の濃度変化が式(7.10)で表されるとする. 平衡に達したときの成分 A の濃度を求めよ.

解 無限時間経過すると平衡に達する. したがって式(7.10)において $t \to \infty$ として次式が得られる.

$$C_A = \frac{C_{A0}k'}{k + k'}$$

7.4 反応速度の温度依存性

化学反応の速度は, 一般に温度が高くなるほど大きくなる. 速度定数 k は

素反応においては，次の**アレニウス式**(Arrhenius equation)に従うことが知られている．

$$k = k_0 \exp\left(-\frac{E}{RT}\right) \tag{7.11}$$

ここで k_0 は**頻度因子**(frequency factor)と呼ばれ，実験的に求められる量である．また E は**活性化エネルギー**(activation energy)[$J \cdot mol^{-1}$]，R は気体定数($8.314\ J \cdot K^{-1} \cdot mol^{-1}$)，$T$ は絶対温度[K]である．式(7.11)の両辺の対数をとると次式が得られる．

$$\ln k = \ln k_0 - \frac{E}{RT} \tag{7.12}$$

活性化エネルギー E は反応物が越えなければならないエネルギーの山の高さに相当し，この値は次のようにして求めることができる．すなわち異なる二つの温度で反応を行い，それぞれの温度での速度定数を求め，ここへ式(7.12)の関係を用いるのである．温度 T_1 のときの速度定数を k_1，温度 T_2 のときの速度定数を k_2 とすると，式(7.12)より次式が得られる．

$$\ln \frac{k_1}{k_2} = -\frac{E}{R}\left(\frac{1}{T_1} - \frac{1}{T_2}\right) \tag{7.13}$$

例題 7.5

120 ℃ と 140 ℃ における一次反応の速度定数がそれぞれ $0.15\ s^{-1}$ と $0.32\ s^{-1}$ であった．この反応の活性化エネルギー E を求めよ．

解 式(7.13)を変形し，与えられた数値を代入すると

$$E = \frac{-R \ln(k_1/k_2)}{1/T_1 - 1/T_2} = 51194\ J \cdot mol^{-1} = 51\ kJ \cdot mol^{-1}$$

と求まる．

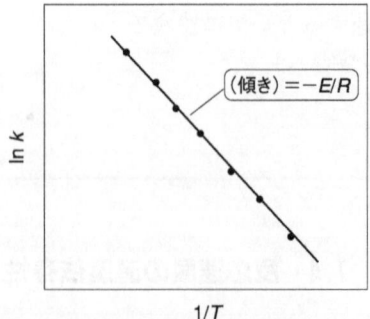

図 7.4 アレニウスプロットによる活性化エネルギーの決定

実験によって，多くの温度での速度定数が求められた場合には，アレニウスプロットと呼ばれる方法によって活性化エネルギーを求めることができる．$\ln k$ を $1/T$ に対してプロットすれば，図7.4に示すように直線関係が得られる．その勾配は式(7.12)からわかるように $-E/R$ であるので，これから活性化エネルギー E を求めることができる．

例題 7.6

実験によって表7.1のような結果を得た．アレニウスプロットにより活性化エネルギー E を求めよ．

表 7.1 アレニウスプロットによる活性化エネルギーの算出

温度 T [K]	450	500	550	600
速度定数 k [s^{-1}]	0.18	0.69	1.65	4.11

解 図7.4のようにアレニウスプロットを行うことによって，$E = 46.8$ kJ·mol^{-1} と求まる．

7.5 不均一触媒反応

一般に**触媒**(catalyst)は，反応速度を増加させるが(減少させる場合もある)，それ自体は反応で消費されない物質である．触媒を含まない場合に比べ，活性化エネルギーが低い反応経路で反応が進行するため，反応速度が大きくなる．物質を変換する場合には，触媒の助けを借りなければならないことが多い．また触媒を使用しても反応熱は変わらないし，平衡も動かない．

触媒には多くの種類があり，その作用のメカニズムもさまざまである．大きく分けると，水溶液などの一つの相内で触媒作用が起こる均一触媒と，固体表面などの相界面で触媒作用が起こる不均一触媒がある．均一触媒には，エステルの加水分解における H^+ などがある．不均一触媒としては白金，パラジウム，鉄，ニッケルなどの金属や種々の金属酸化物，さらにゼオライトなどの固体酸と呼ばれる物質など多くの例があげられる．

触媒は，化学反応プロセスにおいてきわめて重要な役割を果たしてきた．さらに，単に反応の速度を高めるだけでなく，有害な物質を使用したり副生したりしない，また不要な物質を副生しないプロセスのために，新たな触媒が探索されたり実用化されたりしている．一方，触媒は環境にかかわる分野においてもきわめて重要な位置を占めている．第1章で説明したように排煙

貴金属触媒
自動車触媒に使われる貴金属は高価であり，すべての触媒の取引金額の約半分という重要な地位を占めている．

ゼオライト
ゼオライトは化学組成が $M_2O\cdot(Al_2O_3)_m\cdot(SiO_2)_n\cdot H_2O$ (Mはアルカリ金属)で表される結晶性ケイ酸塩鉱物で多くの種類があり，天然に存在する．人工的にも合成され，工業的に触媒として利用されている．アルカリ金属を H^+ で置換すると強い酸性を示す．また結晶性であるため細孔の大きさが均一であり，それよりも大きな分子は通さないという分子ふるい作用を示す．

固体酸
固体酸とは硫酸のような強い酸性を示す固体物質で，多くの化学反応の触媒として利用されている．結晶構造を持たない無定形のシリカアルミナや結晶性のゼオライトがその代表である．

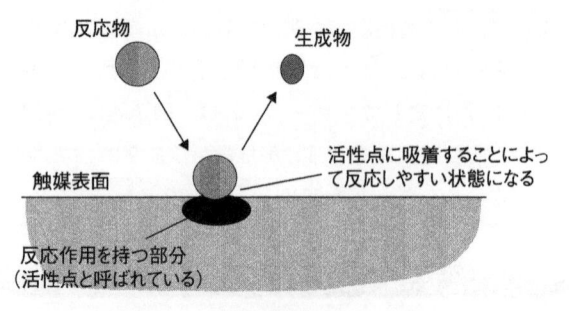

図 7.5 不均一触媒のメカニズム

脱硝技術，直接脱硫技術，自動車の排ガス浄化などにも不均一触媒が利用されている．燃料電池においてメタンやメタノールから水素を生成するコンバータにも触媒が不可欠である．

不均一触媒のメカニズムは，反応物が触媒表面に吸着されて，固体との相互作用により活性の高い反応しやすい状態になる，つまり活性化エネルギーが小さくなることによって反応が進みやすくなるというものである．図7.5は，この様子を模式的に示したものである．窒素と水素からのアンモニア合成は工業的にも重要であり，プロセスの成功は歴史的にも画期的な出来事であった．この場合には鉄を触媒として，その表面に窒素と水素が吸着すると固体表面との強い相互作用のため，これらが原子状に解離する．吸着した状態では反応性が高くなり，アンモニアの生成につながる．

光 触 媒
酸化チタニウム（チタニアともいう）が光触媒の代表例である．

最近では，光エネルギーを利用した環境汚染物質の酸化分解反応に光触媒が利用されている．また高温，高圧の水を用いることで，水の力によって無触媒でも環境汚染物質の分解反応が可能になりつつある．これらの分野は，今後ますます発展すると期待されている．

例題 7.7

固体触媒は通常，担体と呼ばれるそれ自身は活性を持たない多孔質体に活性成分である金属などを分散させてつくられている．これはなぜか．
解 固体触媒の担体にはいくつもの機能がある．おもな理由は，表面積の大きな多孔質体を利用することにより活性成分の表面積も増やすことができることや，機械的な強度を持たせることができることがあげられる．

この章のまとめ

反応装置は，化学産業において新しい物質をつくりだすことに使われているだけでなく，環境の分野においても利用されている．すでに述べたように，自動車の排ガス処理装置はまさに触媒反応装置であるし，石油からの硫黄分

現象の速度と反応速度

本章では反応速度について学んだ．しかし，実際に使用されている反応装置のなかで進行する現象の速度を決めるのは反応速度だけではない．

たとえば，固体触媒の細孔内で気相反応が進む場合を考えてみよう．反応物はまず，流れのなかから固体触媒の表面にたどりつかねばならない．その後，細孔内を進行しながらどこかの活性点に吸着し，そこで反応する．生成物は逆のルートで流れのなかに戻っていく．このような分子の移動が全体の速度を決めることもある．触媒の活性点が1s当り10個の分子を反応させることができるとしても，触媒まで反応物が移動してこなければそれだけの反応は進まない．

このように反応速度だけでなく物質の移動速度も，装置内で進行する現象の速度を決める重要な因子となる．また吸熱反応においては，1 molの成分Aが反応するために100 kJの熱を吸収するとすれば，それだけの熱エネルギーが与えられなければ反応は進まない．この場合には，熱移動の速度が反応の速度を決めることになる．

の除去など，さまざまな分野で利用されている．

本章では，反応速度を解析するための基礎について学んだ．実際の装置設計のためには，物質の移動やエネルギーの移動などの物理現象も含んだ解析が必要である．これらは"反応工学"という分野で研究される．反応速度論を学ぶことによって，どれほどの大きさの装置が必要であるか，限られた大きさの装置で果たして希望するところまで濃度を上げる（もしくは下げる）ことができるのか，といったことを知ることができるのである．

章末問題

1. 体積 $2.0\,\mathrm{m^3}$ の反応器において反応を行う．1分間に原料が 800 mol から 680 mol に減少したとき，この間の平均の反応速度を求めよ．

2. 回分反応器で，ある有害物質を反応除去したい．いま反応は一次反応で進むことがわかっている．10分間の反応で有害物質の濃度が初めの濃度の50%になるとき，この濃度を0.1%以下にするためにはどれだけの時間，反応させる必要があるか．

3. ある一次反応の速度定数が $4.2 \times 10^{-2}\,\mathrm{s^{-1}}$ であった．反応物の初濃度が $1.5\,\mathrm{mol\cdot m^{-3}}$ であったとき，反応開始直後の反応速度はいくらになるか．

4. 食品中の細菌などの微生物は加熱によって死滅する．このときの死滅速度 $-r_A$ は生菌数 C_A に比例すると近似できる．すなわち

    $-r_A = kC_A$

    ここで k は死滅速度定数であり，上の式は式(7.4)と同じかたちなので，式(7.5)が適用できる．ところでいま，ある細菌が349.2 Kにおいて，5分間の加熱で1/10に減少した．生菌数を初めの $1/10^6$ に減らすには，この温度で何分間加熱したらよいか．

5. 一次反応

$$A \rightleftarrows C$$

における平衡を考える．反応の速度定数を $k_1 = 0.02\,\mathrm{s^{-1}}$, $k_2 = 0.004\,\mathrm{s^{-1}}$ とするとき，成分Aのみで反応を始め，1分間反応させたときの生成物Cの濃度は，平衡時の濃度の何％になるか．

6. 温度が10℃上がると，一般に反応速度は2〜3倍になるといわれている．いま100℃から110℃に温度が上昇したとき，反応の速度定数が2倍になった．このときの活性化エネルギーを求めよ．

7. 一次反応

$$A \longrightarrow C$$

を回分反応器で行うための設計を行う．反応の速度定数を50℃において $1.0 \times 10^{-4}\,\mathrm{s^{-1}}$，活性化エネルギーを $80\,\mathrm{kJ \cdot mol^{-1}}$，生成物Cの生産量を1日当り400 kmol，反応物Aの初濃度を $50\,\mathrm{kmol \cdot m^{-3}}$ とし，Aの濃度が初濃度の1％になったときに反応終了とする．

(a) 反応の準備に1時間を要するとして，1日に4サイクルの反応操作を行いたい．そのためには1サイクルの反応時間を何時間にしなければならないか．

(b) (a)で求めた時間で反応を終了させるための反応速度を求めよ．

(c) (b)で求めた反応速度を得るために必要な反応温度はいくらか．

(d) 1サイクルで得られるCの量はいくらか．

(e) 反応器体積 V は，いくらにすればよいか．

付　録

付録A　プログラミング入門

　実験や観測で得られる一次データは，一般に時刻，位置，温度，圧力，濃度，電圧，個体数，……などの数値の集まりである．いま，実験などで得られたデータXとYがあり，両変数の間に高い相関が認められるとする．このとき一方の変数，たとえばXの値を指定して，他方の変数Yの値を推定するための方程式を求めることを回帰分析という．

　ここでは回帰分析の方法として，最小二乗法を取りあげる．最小二乗法とはひとことでいうと，xの値から式$y = ax + b$によって求めたyの計算値Yと，実際のデータyとの差の二乗の和が最小になるように係数a, bを決定する方法である．

　また方程式の近似解法としてニュートン法を扱う．これら二つの方法を例にして，プログラミングの基礎を身につけることが，ここでの目標である．

A.1　最小二乗法
A.1.1　最小二乗法とは

　実験データから実験式をつくる必要がしばしば生じる．そのような場合に，よく用いられるのが**最小二乗法**(method of least squares)である．最小二乗法は，たとえば次のような問題として与えられることが多い．

　　n組のデータ$(x_i, y_i)(i = 1, 2, \cdots, n)$に対して回帰直線$y = a_0 + a_1 x$を最小二乗法で求めて出力し，データ番号$i$，データ$y_i$，直線で推定した値$\bar{y}_i (= a + b x_i)$，および残差$\varepsilon_i = y_i - \bar{y}_i$を出力するようなプログラムをつくりなさい．（ヒント：残差の二乗の和が最小になるように係数a_0, a_1を定めるのが最小二乗法である．）

表 A.1　実験データ x, y

x	1.0	2.0	3.0	4.0	5.0	6.0	7.0
y	1.50	2.40	3.30	4.00	4.80	5.80	6.00

この問題で示された $y = a_0 + a_1 x$ の関数型は基礎的な研究分野でよく用いられるので，このようなプログラムは有用である．

いま表A.1で与えられるデータを，次式で示されるような三つの関数で近似することを考える．

$$f(x) = a_1 x \tag{A.1}$$
$$f(x) = a_0 + a_1 x \tag{A.2}$$
$$f(x) = a_0 + a_1 x + a_2 x^2 \tag{A.3}$$

以下ではこれらの関数，すなわち a_0, a_1, a_2 をどのように決定するかについて述べるが，まずは先に結果を示しておこう．図A.1が，式(A.1)から(A.3)による近似の結果である．

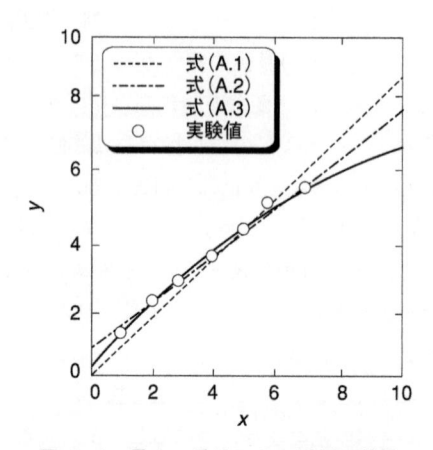

図 A.1　最小二乗法による近似の結果

A.1.2　最小二乗法の手順

n 組のデータ $(x_i, y_i)(i = 1, 2, \cdots, n)$ があるとき，式(A.1)から(A.3)に含まれる a_0, a_1, a_2 は最小二乗法によって，それぞれ次のように求められる．

（1）任意に定める一定点 $(0, a_0)$（ただし a_0 は固定）を通る直線で近似する場合

いま式(A.2)より，以下の式を考える．

$$f(x) = a_0 + a_1 x \tag{A.4}$$

ここで a_0 は任意に定められる定数で，条件として与えられるものとする．したがって a_1 だけを求めればよいことになる．さてデータ y_i と式(A.4)に

よる計算値 $f(x_i)$ との残差を ε_i とすると

$$\varepsilon_i = y_i - f(x_i) = y_i - (a_0 + a_1 x_i) \tag{A.5}$$

この式の両辺を二乗して i に関する和をとる．この値を S とおくと

$$S = \sum_i \varepsilon_i^2 = \sum_i \{y_i - (a_0 + a_1 x_i)\}^2 \tag{A.6}$$

ここで S を最小にするような a_1 を求めるために，式(A.6)を a_1 で偏微分する．

$$\frac{\partial S}{\partial a_1} = -2 \sum_i [\{y_i - (a_0 + a_1 x_i)\} x_i] \tag{A.7}$$

S が最小になるとき，すなわち $\partial S/\partial a_1 = 0$ のとき，式(A.7)より次式を得る．

$$\sum_i y_i x_i = a_1 \sum_i x_i^2 + a_0 \sum_i x_i \tag{A.8}$$

よって，式(A.4)の a_1 は次のようになる．

$$a_1 = \frac{\sum_i y_i x_i - a_0 \sum_i x_i}{\sum_i x_i^2} \tag{A.9}$$

（2）直線で近似する場合

次に以下の式

$$f(x) = a_0 + a_1 x \tag{A.10}$$

で近似することを考える．ただし(1)の場合と異なり，a_0 は固定でないとする．測定値 y_i との残差 ε_i は(1)と同様にして

$$\varepsilon_i = y_i - (a_0 + a_1 x_i) \tag{A.11}$$

同様に S は

$$S = \sum_i \{y_i - (a_0 + a_1 x_i)\}^2 \tag{A.12}$$

ここで S を最小にするような a_0, a_1 を求めるために，式(A.12)を a_0, a_1 で偏微分する．

$$\frac{\partial S}{\partial a_0} = -2 \sum_i \{y_i - (a_0 + a_1 x_i)\} \tag{A.13}$$

$$\frac{\partial S}{\partial a_1} = -2 \sum_i [\{y_i - (a_0 + a_1 x_i)\} x_i] \tag{A.14}$$

S が最小になるのは,次式

$$\frac{\partial S}{\partial a_0} = 0, \ \frac{\partial S}{\partial a_1} = 0 \tag{A.15}$$

が同時に満たされるときである.よって誤差が最小となる a_0, a_1 を求めるためには,式(A.15)を連立して解けばよい.式(A.13)と(A.14)から

$$\sum_i y_i = a_0 \sum_i 1 + a_1 \sum_i x_i \tag{A.16}$$

$$\sum_i y_i x_i = a_0 \sum_i x_i + a_1 \sum_i x_i^2 \tag{A.17}$$

a_0, a_1 を変数とみなして,この連立方程式を解くと次式が得られる.

$$a_0 = \frac{(\sum_i x_i^2)(\sum_i y_i) - (\sum_i y_i x_i)(\sum_i x_i)}{n \sum_i x_i^2 - (\sum_i x_i)^2} \tag{A.18}$$

$$a_1 = \frac{n \sum_i y_i x_i - (\sum_i x_i)(\sum_i y_i)}{n \sum_i x_i^2 - (\sum_i x_i)^2} \tag{A.19}$$

式(A.18)と(A.19)で示された a_0 と a_1 を用いれば,最も誤差を小さくするような直線 $y = a_0 + a_1 x$ が得られる.

(3) 二次関数で近似する場合

今度は次の式

$$f(x) = a_0 + a_1 x + a_2 x^2 \tag{A.20}$$

で近似することを考える.測定値 y_i との残差 ε_i は,これまでと同様にして

$$\varepsilon_i = y_i - (a_0 + a_1 x_i + a_2 x_i^2) \tag{A.21}$$

したがって S は

$$S = \sum_i \{y_i - (a_0 + a_1 x_i + a_2 x_i^2)\} \tag{A.22}$$

ここで S を最小にするような a_0, a_1, a_2 を求めるために,式(A.22)を a_0, a_1, a_2 で偏微分する.

$$\frac{\partial S}{\partial a_0} = -2 \sum_i \{y_i - (a_0 + a_1 x_i + a_2 x_i^2)\} \tag{A.23}$$

$$\frac{\partial S}{\partial a_1} = -2 \sum_i [\{y_i - (a_0 + a_1 x_i + a_2 x_i^2)\} x_i] \tag{A.24}$$

$$\frac{\partial S}{\partial a_2} = -2 \sum_i [\{y_i - (a_0 + a_1 x_i + a_2 x_i^2)\} x_i^2] \tag{A.25}$$

S が最小になるのは次式

$$\frac{\partial S}{\partial a_0} = 0, \ \frac{\partial S}{\partial a_1} = 0, \ \frac{\partial S}{\partial a_2} = 0 \tag{A.26}$$

が同時に満たされるときである．よって誤差が最小となる a_0, a_1, a_2 を求めるためには，式(A.26)を連立して解けばよい．式(A.23)から(A.25)より

$$\sum_i y_i = a_0 \sum_i 1 + a_1 \sum_i x_i + a_2 \sum_i x_i^2 \tag{A.27}$$

$$\sum_i y_i x_i = a_0 \sum_i x_i + a_1 \sum_i x_i^2 + a_2 \sum_i x_i^3 \tag{A.28}$$

$$\sum_i y_i x_i^2 = a_0 \sum_i x_i^2 + a_1 \sum_i x_i^3 + a_2 \sum_i x_i^4 \tag{A.29}$$

ここで，次のようにおく．

$$Q_0 = \sum_i y_i, \ Q_1 = \sum_i y_i x_i, \ Q_2 = \sum_i y_i x_i^2 \tag{A.30}$$

$$Z_0 = \sum_i 1 = n, \ Z_1 = \sum_i x_i, \ Z_2 = \sum_i x_i^2, \ Z_3 = \sum_i x_i^3, \ Z_4 = \sum_i x_i^4 \tag{A.31}$$

よって式(A.27)から(A.29)より

$$Q_0 = Z_0 a_0 + Z_1 a_1 + Z_2 a_2 \tag{A.32}$$

$$Q_1 = Z_1 a_0 + Z_2 a_1 + Z_3 a_2 \tag{A.33}$$

$$Q_2 = Z_2 a_0 + Z_3 a_1 + Z_4 a_2 \tag{A.34}$$

a_0, a_1, a_2 を変数とみなし，この連立方程式を解くと次が得られる．

$$a_0 = \frac{(Q_0 Z_1 - Q_1 Z_1)(Z_3^2 - Z_2 Z_4) - (Q_1 Z_3 - Q_2 Z_2)(Z_2^2 - Z_1 Z_3)}{(Z_0 Z_2 - Z_1^2)(Z_3^2 - Z_2 Z_4) - (Z_1 Z_3 - Z_2^2)(Z_2^2 - Z_1 Z_3)} \tag{A.35}$$

$$a_1 = \frac{-(Q_1 Z_2 - Q_2 Z_1)(Z_1 Z_2 - Z_0 Z_3) - (Q_0 Z_1 - Q_1 Z_0)(Z_2 Z_3 - Z_1 Z_4)}{(Z_2 Z_3 - Z_1 Z_4)(Z_1^2 - Z_0 Z_2) - (Z_1 Z_2 - Z_0 Z_3)(Z_2^2 - Z_1 Z_3)} \tag{A.36}$$

$$a_2 = \frac{(Q_1 Z_2 - Q_2 Z_1)(Z_1^2 - Z_0 Z_2) - (Q_0 Z_1 - Q_1 Z_0)(Z_2 Z_3 - Z_1 Z_4)}{(Z_2 Z_3 - Z_1 Z_4)(Z_1^2 - Z_0 Z_2) - (Z_1 Z_2 - Z_0 Z_3)(Z_2^2 - Z_1 Z_3)} \tag{A.37}$$

式(A.35)〜(A.37)で示された $a_0 \sim a_2$ を用いれば，最も誤差を小さくするような二次関数の曲線 $y = a_0 + a_1 x + a_2 x^2$ が得られる．

（4）m 次多項式で近似する場合

（3）で求めた関数を使ってプログラムをつくることは，かなり煩雑な作業である．その原因は連立方程式を解くことに起因している．ここでは，その部分をプログラム化することを考慮して，次のような m 次多項式で近似す

ることを考える．

$$f(x) = a_0 + a_1 x + a_2 x^2 + \cdots + a_m x^m = \sum_{j=0}^{m} a_j x^j \qquad (\text{A}.38)$$

これまでと同様にして，残差 ε_i は

$$\varepsilon_i = y_i - \sum_{j=0}^{m} a_j x_i^j \qquad (\text{A}.39)$$

よって S は

$$S = \sum_{i=1}^{n}(y_i - \sum_{j=0}^{m} a_j x_i^j)^2 \qquad (\text{A}.40)$$

ここで式(A.40)を a_k で偏微分する．

$$\frac{\partial S}{\partial a_k} = \frac{\partial}{\partial a_k} \sum_{i=1}^{n}(y_i - \sum_{j=0}^{m} a_j x_i^j)^2 = -2 \sum_{i=1}^{n} \{(y_i - \sum_{j=0}^{m} a_j x_i^j) x_i^k\} \qquad (\text{A}.41)$$

$\partial S/\partial a_k = 0$ として次式を得る．

$$\sum_{i=1}^{n} \{(y_i - \sum_{j=0}^{m} a_j x_i^j) x_i^k\} = 0 \qquad (\text{A}.42)$$

ゆえに

$$\sum_{i=1}^{n} y_i x_i^k = \sum_{i=1}^{n} \sum_{j=0}^{m} a_j x_i^j x_i^k \qquad (\text{A}.43)$$

右辺を j について書き下して整理すれば

$$a_0 \sum_{i=1}^{n} x_i^k + a_1 \sum_{i=1}^{n} x_i^{k+1} + \cdots + a_m \sum_{i=1}^{n} x_i^{k+m} \qquad (\text{A}.44)$$

ここで，以下のようにおく．

$$\sum_{i=1}^{n} y_i x_i^k = T_k, \quad \sum_{i=1}^{n} x_i^k = S_k \qquad (\text{A}.45)$$

よって式(A.44)と(A.45)より，式(A.43)は次のようになる．

$$\sum_{j=0}^{m} a_j S_{k+j} = T_k \quad (k = 0, 1, 2, \cdots, m) \qquad (\text{A}.46)$$

式(A.46)を書き下すと，次のような連立一次方程式であることがわかる．

$$\begin{cases} a_0 S_0 + a_1 S_1 + a_2 S_2 + \cdots + a_m S_m = T_0 \\ a_0 S_1 + a_1 S_2 + a_2 S_3 + \cdots + a_m S_{m+1} = T_1 \\ a_0 S_2 + a_1 S_3 + a_2 S_4 + \cdots + a_m S_{m+2} = T_2 \\ \quad \vdots \quad\quad \vdots \quad\quad \vdots \quad\quad \vdots \quad\quad \vdots \quad\quad \vdots \\ a_0 S_m + a_1 S_{m+1} + a_2 S_{m+2} + \cdots + a_m S_{2m} = T_m \end{cases} \quad (A.47)$$

これを行列で表すと,次式のようになる.

$$\begin{bmatrix} S_0 & S_1 & S_2 & \cdots & S_m \\ S_1 & S_2 & S_3 & \cdots & S_{m+1} \\ \vdots & \vdots & \vdots & \vdots & \vdots \\ S_m & S_{m+1} & S_{m+2} & \cdots & S_{2m} \end{bmatrix} \begin{bmatrix} a_0 \\ a_1 \\ \vdots \\ a_m \end{bmatrix} = \begin{bmatrix} T_0 \\ T_1 \\ \vdots \\ T_m \end{bmatrix} \quad (A.48)$$

式(A.48)を解くことによって,$a_k (k = 0, 1, 2, \cdots, m)$が求められる.

A.1.3 最小二乗法のプログラム

C++,VBA による最小二乗法のプログラムを示す.

(1) C++による最小二乗法のプログラム

C++によるプログラムを以下に示す.

```
#include<stdio.h>
main()       /*最小二乗法*/
{   int i, n;
    double x[10], y[10],
        sumx, sumy, sumx2, sumxy, a, b;

    sumx=0; sumy=0; sumx2=0; sumxy=0;
    printf("Number of data    n=");
    scanf("%d", &n);
    for(i=1; i<=n; i++){
       printf("x[%d]=", i);
       scanf("%lf", &x[i]);
       printf("y[%d]=", i);
       scanf("%lf", &y[i]);
    }                   /*データ入力*/

    for(i=1; i<=n; i++){
       sumx=sumx+x[i];
```

```
      sumy=sumy+y[i];
      sumx2=sumx2+x[i]*x[i];
      sumxy=sumxy+x[i]*y[i];
   }
   a=(n*sumxy-sumx*sumy)/(n*sumx2-sumx*sumx);
   b=(sumx2*sumy-sumx*sumxy)/(n*sumx2-sumx*sumx);
   printf("y=(%f)x+(%f)\n", a, b);
}
```

実行結果は次のようになる.

```
Number of data    n=5
x[1]=1
y[1]=0.9
x[2]=2
y[2]=1.7
x[3]=3
y[3]=2.1
x[4]=4
y[4]=2.6
x[5]=5
y[5]=3.0
y=(0.510000)x+(0.529999)
```

(2) VBA による最小二乗法のプログラム

VBA によるプログラムを以下に示す.

```
Sub 最小二乗法()
   Dim NP As Integer
   Dim X1(20) As Double, Y1(20) As Double
   Dim CY(20) As Double
   Dim targetin, targetout As Range
   Set targetin=Range("B1: F6")
   Set targetout=Range("E1: G20")
   NP=targetin. Cells(2, 2)
     For i=1 To NP
```

```
            X1(i)=targetin. Cells(6+i, 1)
            Y1(i)=targetin. Cells (6+i, 2)
        Next i

    '========初期値の決定========

        SX2=0#
        SX=0#
        SSX=0#
        SY=0#
        SXSY=0#

    For i=1 To NP
        SX2=SX2+X1(i)^2
        SX=SX+X1(i)
        SY=SY+Y1(i)
        SXSY=SXSY+X1(i)*Y1(i)
    Next i

        SSX=SX^2
        A=(SX2*SY-SX*SXSY)/(NP*SX2-SSX)
        B=(-SX*SY+SXSY*NP)/(NP*SX2-SSX)

    '============出力============

        targetout. Cells(3, 3)="Y1=A+B*X1"
        targetout. Cells(4, 3)=Str(Format(A, "###.###"))
        targetout. Cells(5, 3)=Str(Format(B, "###.###"))

    For i=1 To NP
        CY(i)=A+B*X1(i)
        targetout. Cells(8+i, 2)=Str(Format(X1(i),  "###.###"))
        targetout. Cells(8+i, 3)=Str(Format(CY(i), "###.###"))
    Next i

    End Sub
```

A.2 ニュートン法
A.2.1 ニュートン法とは

ニュートン法(Newton's method)とはある方程式 $f(x) = 0$ の解を，接線を引いていくことで近似的に求める方法である．図A.2にニュートン法の概念を示す．

つまり，まず $y = f(x)$ 上の点 $(x_0, f(x_0))$ における接線

$$y = f'(x_0)(x - x_0) + f(x_0) \tag{A.49}$$

を引く．この接線が x 軸と交わる点の x の値を x_1 とする．x_1 は次式で与えられる．

$$x_1 = x_0 - \frac{f(x_0)}{f'(x_0)} \tag{A.50}$$

このように接線と x 軸の交点

$$x_{n+1} = x_n - \frac{f(x_n)}{f'(x_n)}$$

を求めることを繰り返して近似を進めていく．これがニュートン法の原理である．

なおニュートン法では初期値 x_0 の設定をうまく行わないと，関数のかたちによっては接線と x 軸の交点が遠くまでいってしまい，解が求められなくなるときがある．この点に注意が必要である．

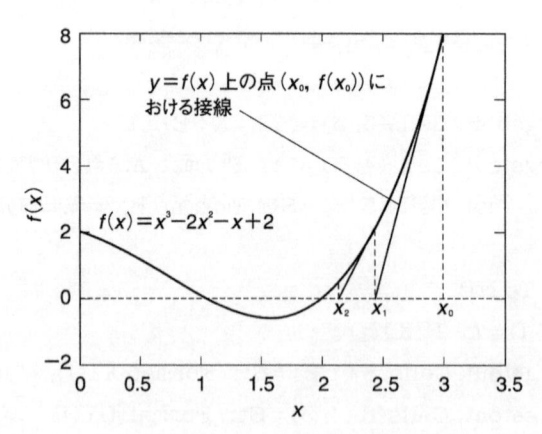

図 A.2 ニュートン法による近似

A.2.2 ニュートン法のプログラム

例として

$$f(x) = \exp(-x^2) - \sin x = 0$$

の解のうち，$0 < x < 1$ を満たすものをニュートン法によって求めるプログラムを示す．ただし計算回数は $N = 10$ とし，また言語には C++ を用いた．

```
#include<stdio.h>
#include<math.h>
#define f(x) (exp(-x*x)-sin(x))     /*関数（必要に応じて変更）*/
#define g(x) (-2*x*exp(-x*x)-cos(x))/*f(x)を微分したもの*/
main()                    /*ニュートン法*/
{
    double eps, x, new_x, fx, gx;
    int i;
    x=1;               /*初期値設定*/
    eps=1e-15;         /*計算精度*/
    printf("N     Newton\n");
    for(i=1; i<=10; i++) {
      fx=f(x);
      gx=g(x);
      new_x=x-fx/gx;
      printf("%2d   %1.15f\n", i, new_x);
      if(fabs(new_x-x)<eps*fabs(new_x)) {
        printf("%1.15f\n", new_x);
      }
      x=new_x;
    }
}
```

実行結果は次のようになる．

```
N     Newton
 1    0.628864549747488
 2    0.680287564478223
 3    0.680598158560461
 4    0.680598174378454
```

5	0.680598174378454
6	0.680598174378454
7	0.680598174378454
8	0.680598174378454
9	0.680598174378454
10	0.680598174378454

付録B 台形公式

台形公式(trapezoidal rule)とは定積分 $\int_a^b f(x)\mathrm{d}x$ の値を近似的に求める方法の一つである．すなわち図B.1のように関数 $y = f(x)$ の曲線上の点 $P_0, P_1, P_2, \cdots, P_n$ を線分で結んで得られる折れ線の下のそれぞれの台形の面積 $S_1, S_2, \cdots, S_k, \cdots, S_n$ の和を $\int_a^b f(x)\mathrm{d}x$ の近似値とする．

もう少し説明を加えよう．いま，図B.1に示すように定積分 $\int_a^b f(x)\mathrm{d}x$ の積分区間を n 等分して，その分点を左から順に $x_0, x_1, \cdots, x_n$ とする．この各分点における関数値をそれぞれ $y_0, y_1, \cdots, y_n$ とする．このとき，曲線上の点 $P_0, P_1, \cdots, P_n$ を線分で結んで得られる折れ線の下の面積 S は n 個の台形の和として表される．すなわち，これらの台形の面積を順に $S_1, S_2, \cdots, S_n$ とすれば，以下のように S が計算される．

$$S = S_1 + S_2 + \cdots + S_n \tag{B.1}$$

実際に，図B.1において S_1 は

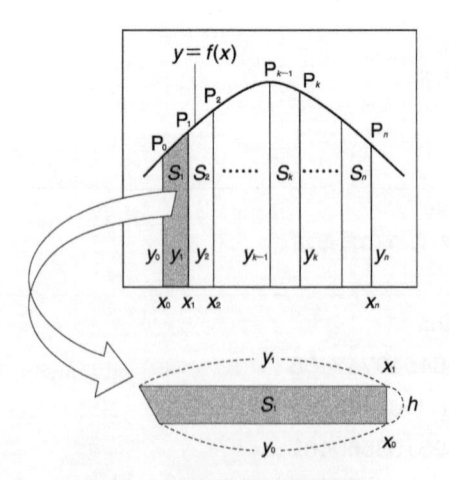

図 B.1 台形公式による近似

$$S_1 = \frac{(y_0 + y_1)h}{2} \tag{B.2}$$

と与えられる．ここでhは分点の間隔である．同様に$S_2, S_3, \cdots, S_{n-1}, S_n$を求めると以下のようになる．

$$S_2 = \frac{(y_1 + y_2)h}{2}$$
$$S_3 = \frac{(y_2 + y_3)h}{2}$$
$$\vdots \tag{B.3}$$
$$S_{n-1} = \frac{(y_{n-2} + y_{n-1})h}{2}$$
$$S_n = \frac{(y_{n-1} + y_n)h}{2}$$

よって式(B.1)から，Sが次のように求まる．

$$S = \frac{\{y_0 + y_n + 2(y_1 + y_2 + \cdots + y_{n-1})\}h}{2} \tag{B.4}$$

これが台形公式による定積分の値である．

付録C　BET式の導出

いま吸着剤の表面積をA，裸面の表面積をs_0，また1層，2層，$\cdots$，i層の吸着分子で覆われた表面積を$s_1, s_2, \cdots, s_i$とする．このとき第一層における吸着速度r_1は次の式(C.1)のように表される．

$$r_1 = a_1 p s_0 - b_1 s_1 \exp\left(-\frac{E_1}{RT}\right) \tag{C.1}$$

ここでE_1は第一層における吸着熱で，$\exp(-E_1/RT)$はs_1を占める吸着分子のうちで，脱離に要するE_1以上のエネルギーを持つ分子の割合を与える．なおa_1, b_2は定数，pは分圧である．

吸着平衡のときは$r_1 = 0$であるから次のようになる．

$$a_1 p s_0 = b_1 s_1 \exp\left(-\frac{E_1}{RT}\right) \tag{C.2}$$

それぞれの層について同様に扱えば，以下が得られる．

$$a_2 p s_1 = b_2 s_2 \exp\left(-\frac{E_2}{RT}\right)$$

$$a_3 p s_2 = b_3 s_3 \exp\left(-\frac{E_3}{RT}\right)$$
$$\vdots \qquad\qquad\qquad\qquad\qquad (\text{C.3})$$
$$a_i p s_{i-1} = b_i s_i \exp\left(-\frac{E_i}{RT}\right)$$

ところで，吸着剤の表面積 A は式(C.4)のように表される．

$$A = \sum_i s_i \qquad\qquad (\text{C.4})$$

また気体吸着量 V は式(C.5)で与えられる．

$$V = V_0 \sum_i i s_i \qquad\qquad (\text{C.5})$$

ここで，V_0 は吸着剤表面 $1\,\text{cm}^2$ を隙間なく完全単分子層で覆うのに必要な気体の体積である．また，単一層体積 V_m は次のように求まる．

$$V_\text{m} = V_0 A = V_0 \sum_i s_i \qquad\qquad (\text{C.6})$$

ここで式の取扱いを簡単にするため，以下のように仮定する．

$$E_2 = E_3 = \cdots = E_i = E_\text{L} \qquad\qquad (\text{C.7})$$
$$\frac{b_2}{a_2} = \frac{b_3}{a_3} = \cdots = \frac{b_i}{a_i} = g \qquad\qquad (\text{C.8})$$

すなわち第一層における吸着熱 E_1 だけは気体分子と吸着剤の間の相互作用に基づくものであるが，第二層以上は吸着分子どうしの相互作用に基づくものであるから，液化熱 E_L で近似できると考える．つまり，第二層以上の吸着分子の蒸発，凝縮の性質は液体と同じであると仮定する．式(C.7)と(C.8)，および式(C.2)と(C.3)を用いて $s_1, s_2, \cdots, s_i$ を s_0 で表すと次のようになる．

$$\begin{aligned} s_1 &= y s_0 \\ s_2 &= x s_1 = x y s_0 \\ &\vdots \\ s_i &= x s_{i-1} = x^{i-1} s_1 = y x^{i-1} s_0 = c x^i s_0 \end{aligned} \qquad (\text{C.9})$$

ただし y, x, c を以下のようにおいた．

$$y = \frac{a_1}{b_1} p \exp\left(-\frac{E_1}{RT}\right) \qquad\qquad (\text{C.10})$$
$$x = \frac{p}{g} \exp\left(-\frac{E_\text{L}}{RT}\right) \qquad\qquad (\text{C.11})$$

$$c = \frac{y}{x} = \frac{a_1}{b_1} g \exp\left(-\frac{E_1 - E_L}{RT}\right) \qquad (C.12)$$

式(C.5),(C.6)より V/V_m を求め,これを式(C.9)により整理すると

$$\frac{V}{V_m} = \frac{V_0 \sum_i i s_i}{V_0 \sum_i s_i} = \frac{c s_0 \sum_{i=1} i x^i}{s_0 (1 + c \sum_{i=1} x^i)_0} \qquad (C.13)$$

となる.以下の級数の公式

$$\sum_{i=1} x^i = \frac{x}{1-x} \qquad (C.14)$$

$$\sum_{i=1} i x^i = \frac{x}{(1-x)^2} \qquad (C.15)$$

を式(C.13)に代入すると,式(C.16)が得られる.

$$\frac{V}{V_m} = \frac{cx}{(1-x)(1-x+cx)} \qquad (C.16)$$

さてここで固体表面は天井なしで,吸着気体のその温度における飽和蒸気圧 p_0 においては,吸着層の数は無限大になると考える.これは $p = p_0$ のとき,式(C.14)において $x = 1$ とならなければならないことを意味する.したがって式(C.11)より,以下の式が成り立つ.

$$1 = \frac{p_0}{g} \exp\left(-\frac{E_L}{RT}\right)$$

よって式(C.11)より,x は以下のように表される.

$$x = \frac{p}{p_0}$$

これを式(C.16)に代入すれば,式(C.17)が得られる.

$$\frac{V}{V_m} = \frac{cp}{(p_0 - p)\{1 + (c-1)(p/p_0)\}} \qquad (C.17)$$

また $V/V_m = n/n_m$, $p/p_0 = p_r$ とおくと,式(C.18)のように表される.

$$n = \frac{c n_m p_r}{(1 - p_r)(1 + c p_r - p_r)} \qquad (C.18)$$

これが式(2.8)としてあげた BET 式である.

付録D　クラウジウス・クラペイロン式の導出

ここでは自由エネルギーから，クラウジウス・クラペイロン式を導出する．式(5.6)よりギブズの自由エネルギー G はエントロピー S，体積 V，温度 T，圧力 p を用いて次のように表せる．

$$dG = V\,dp - S\,dT \tag{D.1}$$

ところでいま純物質の系(一成分系)について，気液両相が平衡状態で共存している状態を考える．ある圧力 p および温度 T で平衡状態であるためには気相と液相の全成分の化学ポテンシャルがそれぞれ等しくなっていなければならない．純物質の系では，化学ポテンシャルは1 mol 当りのギブズの自由エネルギー G_m に等しいので，気相，液相，それぞれのギブズの自由エネルギー G_m^V と G_m^L は等しく

$$G_\mathrm{m}^\mathrm{V} = G_\mathrm{m}^\mathrm{L}$$

となる．ここで圧力が dp，温度が dT だけ変化して，再び気液両相が平衡になったとすれば

$$G_\mathrm{m}^\mathrm{V} + dG_\mathrm{m}^\mathrm{V} = G_\mathrm{m}^\mathrm{L} + dG_\mathrm{m}^\mathrm{L}$$

となり，次式が成り立つ．

$$dG_\mathrm{m}^\mathrm{V} = dG_\mathrm{m}^\mathrm{L} \tag{D.2}$$

さて式(D.1)を気液両相の1 mol に対して適用すると，次のようになる．

$$dG_\mathrm{m}^\mathrm{V} = V_\mathrm{m}^\mathrm{V}\,dp - S_\mathrm{m}^\mathrm{V}\,dT \tag{D.3}$$
$$dG_\mathrm{m}^\mathrm{L} = V_\mathrm{m}^\mathrm{L}\,dp - S_\mathrm{m}^\mathrm{L}\,dT \tag{D.4}$$

ここで平衡の条件として式(D.2)を適用すれば

$$\frac{dp}{dT} = \frac{S_\mathrm{m}^\mathrm{V} - S_\mathrm{m}^\mathrm{L}}{V_\mathrm{m}^\mathrm{V} - V_\mathrm{m}^\mathrm{L}} \tag{D.5}$$

を得る．右辺の分子 $S_\mathrm{m}^\mathrm{V} - S_\mathrm{m}^\mathrm{L}$ は気相と液相の1 mol 当りのエントロピーの差，すなわち蒸発にともなうモルエントロピー変化である．これはモル蒸発熱 $\Delta H_\mathrm{v,m}$ を用いて，次のように表せる．

$$S_\mathrm{m}^\mathrm{V} - S_\mathrm{m}^\mathrm{L} = \frac{\Delta H_\mathrm{v,m}}{T} \tag{D.6}$$

よって式(D.5)は次のようになる．

$$\frac{dp}{dT} = \frac{\Delta H_{v,m}}{T(V_m^V - V_m^L)} \tag{D.7}$$

式（D.7）をクラウジウス・クラペイロン式と呼ぶ．

　圧力が高くなく，気相の体積が液相の体積より十分大きい（大気圧下では，気相の体積は液相の 1000 倍程度ある）とみなせると $V_m^V \gg V_m^L$ が成り立つ．さらに気相を理想気体とみなせば，理想気体の状態方程式を使って，式（D.7）の右辺は次式のように整理される．

$$\frac{\Delta H_{v,m}}{T(V_m^V - V_m^L)} = \frac{\Delta H_{v,m}}{T}\frac{1}{V_m^V} = \frac{\Delta H_{v,m}}{T}\frac{p}{RT} \tag{D.8}$$

よって式（D.7）は次式となる．

$$\frac{dp}{dT} = p\frac{\Delta H_{v,m}}{RT^2} \tag{D.9}$$

狭い温度範囲で $\Delta H_{v,m}$ が一定とみなされるとし，$\Delta H_{v,m}$ を定数として式（D.9）を積分すれば，一成分系では p は蒸気圧 $p°$ となり次式が導かれる．

$$\ln p° = A - \frac{B}{T} \tag{D.10}$$

ここで A は積分定数であり，$B = \Delta H_{v,m}/R$ である．第 3 章では式（D.10）を式（3.1）として示し，クラウジウス・クラペイロン式と呼んだ．

付録 E　超臨界二酸化炭素に対する高沸点化合物の溶解度

E.1　溶解度の基礎式

　ここでは CO_2 を成分 1，フェナントレンのような高沸点化合物を成分 2 として考えよう．

　さて，いま固気両相が平衡状態で共存している状態を考える．ある圧力 p，温度 T で平衡状態にあるための熱力学的な条件は，固相および気相における各成分 i のフガシティー f_i^S と f_i^G が等しくなることである．すなわち，式（E.1）のような関係が成り立つ．

$$f_i^S = f_i^G \tag{E.1}$$

　いま，固相における成分 2 のフガシティー係数 φ_2^S を考える．φ_2^S はフガシティー f_2^S，組成 x_2^S，圧力 p と次の関係にある．

$$\varphi_2^S = \frac{f_2^S}{p x_2^S} \tag{E.2}$$

また熱力学的関係式より，以下が与えられる．

$$\ln \varphi_2^S = \frac{1}{RT}\int_0^p \left(v_2^S - \frac{RT}{p}\right)\mathrm{d}p \tag{E.3}$$

ここで飽和条件下でのフガシティー係数を φ_2^{SAT} とし，分子容 v_2^S は固相であるため圧力によって大きく変化しないとすると，式(E.3)は以下のようになる．

$$\begin{aligned}
\ln \varphi_2^S &= \frac{1}{RT}\int_0^{p_2^{SAT}} \left(v_2^S - \frac{RT}{p}\right)\mathrm{d}p + \frac{1}{RT}\int_{p_2^{SAT}}^{p} \left(v_2^S - \frac{RT}{p}\right)\mathrm{d}p \\
&= \ln \varphi_2^{SAT} + \left[\frac{v_2^S p}{RT} - \ln p\right]_{p_2^{SAT}}^{p} \\
&= \ln \varphi_2^{SAT} + \frac{v_2^S(p - p_2^{SAT})}{RT} - \ln \frac{p}{p_2^{SAT}}
\end{aligned} \tag{E.4}$$

これを変形して

$$\ln\left(\varphi_2^S \frac{1}{\varphi_2^{SAT}} \frac{p}{p_2^{SAT}}\right) = \frac{v_2^S(p - p_2^{SAT})}{RT} \tag{E.5}$$

さらに整理すると，式(E.6)のようになる．

$$\varphi_2^S = \frac{p_2^{SAT}\varphi_2^{SAT}}{p}\exp\left\{\frac{v_2^S(p - p_2^{SAT})}{RT}\right\} \tag{E.6}$$

ここで固体は純固体であり，気体が溶けないとする．つまり $x_2^S = 1$ と仮定する．このとき式(E.2)より以下が成り立つ．

$$\varphi_2^S = \frac{f_2^S}{p},\ f_2^S = p\varphi_2^S$$

式(E.6)を代入すれば

$$f_2^S = p_2^{SAT}\varphi_2^{SAT}\exp\left\{\frac{v_2^S(p - p_2^{SAT})}{RT}\right\} \tag{E.7}$$

となる．さらに飽和条件下での固体成分のフガシティー係数 φ_2^{SAT} は低圧であるため，ほとんど 1 とみなせる．よって式(E.7)より，固相における成分 2 のフガシティー f_2^S は次式となる．

$$f_2^S = p_2^{SAT}\exp\left\{\frac{v_2^S(p - p_2^{SAT})}{RT}\right\} \tag{E.8}$$

一方，気相における成分 2 のフガシティー f_2^G は次式となる．

$$f_2^G = y_2 p \varphi_2^G \tag{E.9}$$

平衡条件の式（E.1），および式（E.8）と（E.9）より次式が成り立つ．

$$y_2 p \varphi_2^G = p_2^{SAT} \exp\left\{\frac{v_2^S(p - p_2^{SAT})}{RT}\right\} \tag{E.10}$$

よって気相中の固体成分 2 の溶解度 y_2 は

$$y_2 = \frac{p_2^{SAT}}{p}\frac{1}{\varphi_2^G} \exp\left\{\frac{v_2^G(p - p_2^{SAT})}{RT}\right\} \tag{E.11}$$

となる．p_2^{SAT}，v_2^S は定数として与えられるので，状態方程式から φ_2^G が求まれば溶解度 y_2 が算出できることになる．φ_2^G についてはE.3節で扱う．

E.2 SRK 式の適用

SRK 式は，次式で与えられる．

$$p = \frac{RT}{v-b} - \frac{a}{v(v+b)} \tag{E.12}$$

ここで a, b は定数，v はモル体積で，それぞれ以下で与えられる．

$$a = a_c\left[1 + m\left\{1 - \left(\frac{T}{T_c}\right)^{1/2}\right\}\right]^2 \tag{E.13}$$

$$b = \frac{0.08664 RT_c}{p_c} \tag{E.14}$$

また a_c，m は次式で与えられる．

$$a_c = \frac{0.42747 R^2 T_c^2}{p_c} \tag{E.15}$$

$$m = 0.480 + 1.574\omega - 0.176\omega^2 \tag{E.16}$$

さて状態方程式を混合物系に適用するためには，式（E.12）中の a, b を混合則を用いて計算しなければならない．混合則は式（E.17）～（E.20）に示すものを用いる．

$$a_m = \sum_i\sum_j y_i y_j a_{ij} \tag{E.17}$$

$$b_m = \sum_i\sum_j y_i y_j b_{ij} \tag{E.18}$$

$$a_{ij} = (1 - k_{ij})(a_i a_j)^{1/2} \tag{E.19}$$

$$b_{ij} = \frac{(1 - l_{ij})(b_i + b_j)}{2} \tag{E.20}$$

なお，ここで k_{ij} と l_{ij} は相互作用パラメータである．式（E.17），（E.18）を二成分系について書き下すと，次のようになる．

$$\begin{aligned}
a_{\mathrm{m}} &= y_1 y_1 a_{11} + y_1 y_2 a_{12} + y_2 y_1 a_{21} + y_2 y_2 a_{22} \\
&= y_1{}^2(1-k_{11})(a_1 a_1)^{1/2} + y_1 y_2(1-k_{12})(a_1 a_2)^{1/2} \\
&\quad + y_2 y_1 (1-k_{21})(a_2 a_1)^{1/2} + y_2{}^2(1-k_{22})(a_2 a_2)^{1/2} \\
&= y_1{}^2 a_1 + 2 y_1 y_2 (1-k_{12})(a_1 a_2)^{1/2} + y_2{}^2 a_2
\end{aligned} \quad (\mathrm{E}.21)$$

ただし途中で式(E.19), また $k_{11}, k_{22} = 0$, $k_{12} = k_{21}$ の関係を用いた.

同様に式(E.18)を二成分系について書き下す. 途中で式(E.20), また $l_{11}, l_{22} = 0$, $l_{12} = l_{21}$ の関係を用いて整理すると以下のようになる.

$$\begin{aligned}
b_{\mathrm{m}} &= y_1 y_1 b_{11} + y_1 y_2 b_{12} + y_2 y_1 b_{21} + y_2 y_2 b_{22} \\
&= y_1{}^2(1-l_{11})(b_1 b_1)^{1/2} + y_1 y_2(1-l_{12})(b_1 b_2)^{1/2} \\
&\quad + y_2 y_1 (1-l_{21})(b_2 b_1)^{1/2} + y_2{}^2(1-l_{22})(b_2 b_2)^{1/2} \\
&= y_1{}^2 b_1 + y_1 y_2 (1-l_{12})(b_1 + b_2)^{1/2} + y_2{}^2 b_2
\end{aligned} \quad (\mathrm{E}.22)$$

式(E.21)と(E.22)で求められた a_{m} と b_{m} を, 式(E.12)の a と b の代わりに用いると, 混合物系に適用する場合のSRK式になる. すなわち

$$p = \frac{RT}{v-b_{\mathrm{m}}} - \frac{a_{\mathrm{m}}}{v(v+b_{\mathrm{m}})} \quad (\mathrm{E}.23)$$

これが混合物系に適用する場合のSRK式であり, これより溶解度 y_2 が求まる. ただし $a_{\mathrm{m}}, b_{\mathrm{m}}$ はそれぞれ式(E.21), (E.22)で与えられる.

E.3 フガシティー係数

ここで, いったんフガシティー係数についても考えてみよう. 混合物中の成分 i のフガシティー係数 φ_i は, 次式で与えられる熱力学的基礎式によって求めることができる.

$$RT \ln \varphi_i = \int_V^\infty \left\{ \left(\frac{\partial p}{\partial n_i}\right)_{T,U,n_{j \neq i}} - \frac{RT}{V} \right\} dV - RT \ln Z \quad (\mathrm{E}.24)$$

まず式(E.23)を用いて, 式(E.24)を展開する.

$$\begin{aligned}
\ln \varphi_i &= \ln \frac{v}{v-b_{\mathrm{m}}} + \frac{2\sum_j y_j b_{ij} - b_{\mathrm{m}}}{v - b_{\mathrm{m}}} \\
&\quad + \frac{a_{\mathrm{m}}(2\sum_j y_j b_{ij} - b_{\mathrm{m}})}{b_{\mathrm{m}}{}^2 RT}\left(\ln\frac{v+b_{\mathrm{m}}}{v} - \frac{b_{\mathrm{m}}}{v+b_{\mathrm{m}}}\right) \\
&\quad - \frac{2\sum_j y_j a_{ij}}{b_{\mathrm{m}} RT} \ln\frac{v+b_{\mathrm{m}}}{v} - \ln Z
\end{aligned} \quad (\mathrm{E}.25)$$

これを成分2について解くと次式となる.

$$\ln \varphi_2^G = \ln \frac{v}{v - b_m} + \frac{2(y_1 b_{12} + y_2 b_2) - b_m}{v - b_m}$$
$$+ \frac{a_m(2y_1 b_{12} + 2y_2 b_2 - b_m)}{b_m^2 RT}\left(\ln \frac{v + b_m}{v} - \frac{b_m}{v + b_m}\right)$$
$$- \frac{2(y_1 a_{12} + y_2 a_2)}{b_m RT} \ln \frac{v + b_m}{v} - \ln Z$$
(E.26)

これより，v が求まれば φ_2^G の値が算出できることになる．v については次節で扱う．

E.4 混合気体の体積

CO_2 とフェナントレンの混合気体の体積 v をニュートン法を用いて算出する．図E.1に p-v-T 線図を示す．図中に曲線で示された等温線と等圧線との交点を求めることが，体積を求めることに相当する．実際にはニュートン法で数値的に求めるが，イメージ的には以下のような手順で求める．

① 任意の初期体積 v_0 を仮定する．v_0 は普通，理想気体の状態方程式 $pv = RT$ より求めるが，ここでは $v_0 = RT/2p$ とする．
② 等温線上の座標 (v_0, p_0) を求める．
③ 点 (v_0, p_0) で等温線の接線を引き，この接点と等圧線との交点を求める．
④ ③で求めた交点の v の値と v_0 とを比較する．このとき $|v_0 - v|/v_0 < 0.001$ ならば v の値を答えとし，$|v_0 - v|/v_0 \geq 0.001$ ならば v の値を v_0 として②から再び計算を繰り返す．

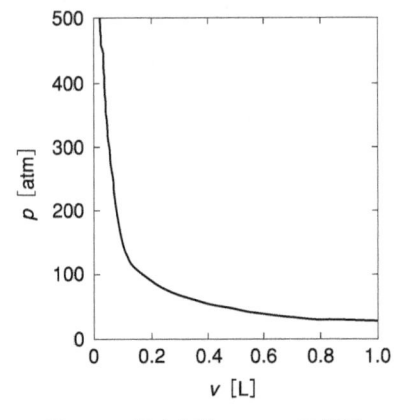

図 E.1 混合気体の p-v-T 線図

E.5 溶解度の算出

最後に，これまでの議論のまとめとして，超臨界 CO_2 へのフェナントレンの溶解度を算出するプログラムをつくる．フローチャートを図 E.2 に示した．プログラムの作成手順は以下の通りである．

① 各定数をコンピュータに入力する．
② SRK 式の定数 a, b を CO_2，フェナントレンについてそれぞれ算出する．
③ 超臨界 CO_2 へのフェナントレンの溶解度の初期値 y_{20} を適当に仮定する．ここでは $y_{20} = 1 \times 10^{-3}$ とする．
④ 気相中の CO_2 のモル分率 y_1 とフェナントレンのモル分率 y_{20} を用いて混合則を計算し，混合気体の SRK 式の定数 a_m, b_m を求める．
⑤ a_m, b_m を用いた SRK 式を使って，ニュートン法により混合気体の体積 v を算出する．
⑥ 気相中のフェナントレンのフガシティー係数 φ_2^G を算出する．
⑦ 超臨界 CO_2 へのフェナントレンの溶解度 y_2 を算出する．
⑧ 溶解度の初期値 y_{20} と溶解度の計算値 y_2 を比較する．このとき $y_{20} = y_2$ であれば溶解度の計算値 y_2 を出力して計算を終了し，$y_{20} \neq y_2$ で

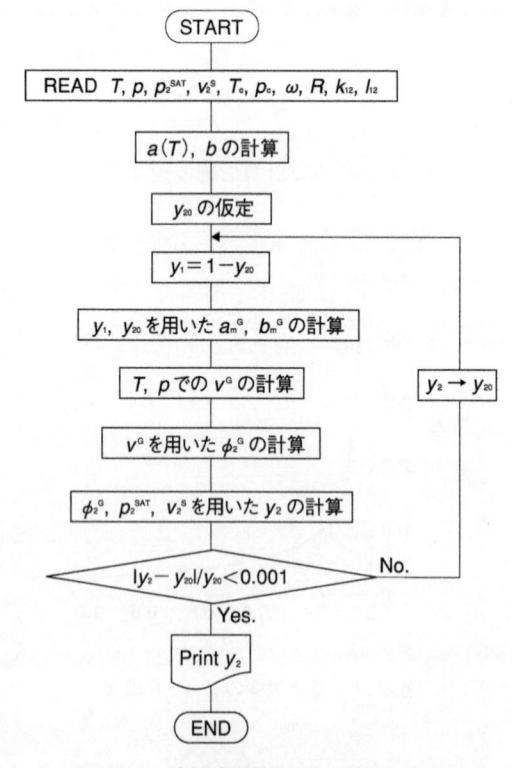

図 E.2 溶解度計算のフローチャート

あれば y_2 を y_{20} として再び ④ に戻り計算を続ける．

計算結果の一例を示しておく．343.15 K，375.03 atm における超臨界 CO_2 に対するフェナントレンの溶解度 y_2 は 3.951×10^{-3} となった．

付録F 熱容量

F.1 気体の熱容量

理想気体の定圧モル熱容量 C_P° は，以下のような温度 T の関数として表すことができる．ただし，これはある温度範囲でのみ近似的に成り立つ．

$$C_P^\circ = a_1 + a_2 T + a_3 T^2 + a_4 T^3 \tag{F.1}$$

ここで a_1, a_2, a_3, a_4 は表 F.1 に示すような物質により決まる定数である．

表 F.1 式(F.1)のパラメータ[1)]

物　質	a_1	$a_2 \times 10^3$	$a_3 \times 10^5$	$a_4 \times 10^8$
CO	30.87	-12.85	2.789	-1.272
CO_2	19.80	73.44	-5.602	1.715
CS_2	27.44	81.27	-7.666	2.673
Cl_2	26.93	33.84	-3.869	1.547
F_2	23.22	36.57	-3.613	1.204
H_2	27.14	9.274	-1.381	0.7645
HCl	30.67	-7.201	1.246	-0.3898
HF	29.06	0.6611	-0.2032	0.2504
H_2O	32.24	1.924	1.055	-0.3596
H_2S	31.94	1.436	2.432	-1.176
I_2	35.59	6.515	-0.6988	0.2834
N_2	27.016	58.12	-0.289	—
NH_3	27.31	23.83	1.707	-1.185
NO	29.35	-0.9378	0.9747	-0.4187
NO_2	24.23	48.36	-2.081	0.0293
O_2	28.11	-0.003680	1.746	-1.065
SO_2	23.85	66.99	-4.961	1.328
SO_3	19.21	1374	-11.76	3.700
ギ酸	23.48	31.57	2.985	-2.300
ホルムアルデヒド	11.71	135.8	-8.411	2.017
メタン	19.25	52.13	1.197	-1.132
エチレン	3.806	156.6	-8.348	1.755
アセトアルデヒド	7.716	182.3	-10.07	2.380
酢酸	4.840	254.9	-17.53	4.949
エタン	5.409	178.1	-6.938	0.8713
エタノール	9.014	214.1	-8.390	0.1373
アセトン	6.301	260.6	-12.53	2.038
プロパン	-4.224	306.3	-15.86	3.215
ベンゼン	-33.92	473.9	-30.17	7.130

ただし $C_P°$, T の単位はそれぞれ J・K^{-1}・mol^{-1}, K である.

一方,実在気体の定圧モル熱容量 C_P は,対象とする気体が純粋気体または一定組成の気体混合物であるならば,理想気体の定圧モル熱容量 $C_P°$ と次の関係がある.

$$C_P = C_P° + \Delta C_P \tag{F.2}$$

ここで ΔC_P は残余定圧モル熱容量と呼ばれ,偏心因子 ω を用いて以下のように与えられる.

$$\Delta C_P = (\Delta C_P)^{(0)} + \omega(\Delta C_P)^{(1)} \tag{F.3}$$

表 F.2 チュー・スワンソンによる,293 K における液体モル熱容量の加算因子[2)]

原子団	加算因子[J・mol^{-1}・K^{-1}]	原子団	加算因子[J・mol^{-1}・K^{-1}]
飽和結合		含酸素結合	
—CH$_3$	36.8	—O—	35
—CH$_2$—	30.4	>O=	53.0
—CH—	21.0	—CH=O	53.0
—C—	7.36	—C(=O)—OH	79.9
二重結合		—C(=O)—O—	60.7
=CH$_2$	21.8	—CH$_2$OH	73.2
=C—H	21.3	—CHOH	76.1
=C—	15.9	—CCOH	111.3
三重結合		—OH	44.8
—C≡H	24.7	—ONO$_2$	119.2
—C≡	24.7	含窒素結合	
環状結合		H$_2$N—	58.6
—CH—	18	—NH—	43.9
—C= または —C—	12	—N—	31
—CH=	22	—N=(環状)	19
—CH$_2$—	26	—C≡N	58.2
ハロゲン		含硫黄結合	
—Cl(1または2番目の炭素に結合)	36	—SH	44.8
—Cl(3または4番目の炭素に結合)	25	—C—	33
—Br	38	水素結合	
—F	17	H—(ギ酸,ギ酸エステル,シアン化水素など)	15
—I	36		

F.2 液体の熱容量

液体の熱容量には定圧モル熱容量 C_P, 飽和熱容量 C_{sat}, 飽和変化熱容量 C_s の三種がある．C_P は定圧での温度変化による熱量変化を示し，一般的によく使われる．C_{sat} は飽和状態を保ちながら温度が変化する液体に必要とされるエネルギーを示し，C_s は温度変化による飽和液体の熱量変化を示す．液体の熱容量は分子を構成する原子団の熱容量を加算することによって推算することができる．表F.2にチュー・スワンソン(Chueh-Swanson)による，293 K における液体モル熱容量の加算因子を示す．

付録G エントロピー

G.1 エントロピーとは

圧力 p，体積 V，温度 T，内部エネルギー U は状態量であり，ある過程が一周すると，これらの値は始めの値に戻る．これに対して仕事 W や熱量 Q は，変化の経路に応じた仕事を通して熱の授受を行うため，始めの値には戻らない．すなわち状態量ではない．

さて微小仕事 dW は変化の経路に沿って，示強変数 p と示量変数 dV を用いて，次のように表すことができる．

$$dW = -p\,dV \tag{G.1}$$

いま微小熱量 dQ についても同様なことを考えたい．しかし dQ に対しては示強変数 T のほか，どのような示量変数を選ぶべきかは，まだわからない．しかし，さし当って，これを記号 dS と表してエントロピー変化と呼ぶことにする．すなわち

$$dQ = T\,dS \tag{G.2}$$

$$dS = \frac{dQ}{T} \tag{G.3}$$

dS は式(G.1)の体積変化 dV のように，直感的にわかりやすい量ではない．

G.2 T-S 線図を使った考察

ここではエントロピーの意味を探るために，次の仕事と熱量についての定義①と②

① 仕事 W とは，定圧膨張による体積増加である．

② 熱量 Q とは，等温膨張によるエントロピー増加である．

を，理想気体 1 mol について比較することにする．

さて，図G.1(a)の p-V 線図に示された定圧膨張による仕事 W は次の式

(a) 定圧膨張　　(b) 等温膨張

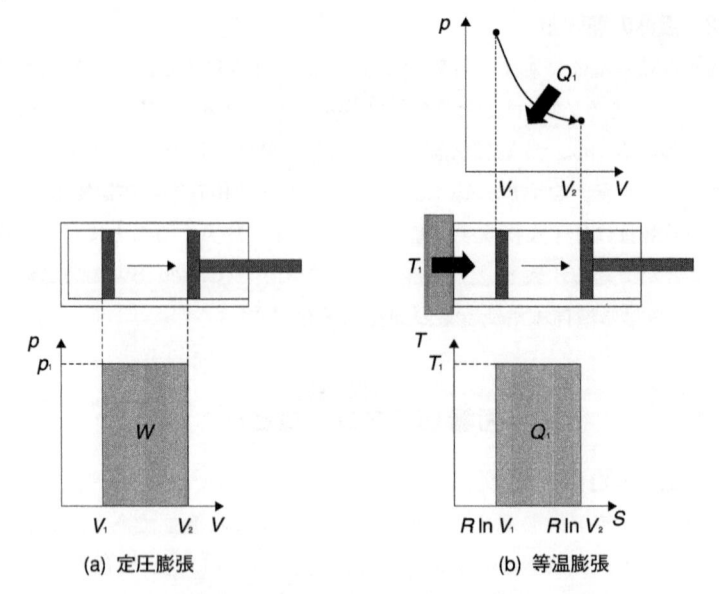

図 G.1　定圧膨張における仕事と等温膨張における熱量の対比

で与えられる.

$$W = p_1(V_2 - V_1) \tag{G.4}$$

これは図中，グレーで示した長方形部分の面積に等しい．

一方，図G.1(b)に一部のみを示したカルノーサイクルの等温膨張によって系が吸収する熱量 Q_1 は，次のように表される．

$$Q_1 = nRT_1 \ln \frac{V_1}{V_2} \tag{G.5}$$

$n = 1$ とおいて整理すると，次のようになる．

$$Q_1 = RT_1 \ln \frac{V_1}{V_2} = T_1(R \ln V_1 - R \ln V_2) \tag{G.6}$$

ここで式(G.4)と(G.6)を比べると，次のような対応のあることがわかる．

$$W \to Q,\ p \to T,\ V \to R \ln V \tag{G.7}$$

そこで $R \ln V$ を S とおくことにすると，Q_1 が次式のように表される．

$$Q_1 = T_1(S_1 - S_2) \tag{G.8}$$

このように式(G.4)とよく似たかたちに変形された．

式(G.8)より，図G.1(b)の T-S 線図中にグレーで示した長方形部分の

面積が Q_1 を表すことが容易にわかる．これは p-V 線図上の面積と仕事 W との関係に対応している．

G.3 エントロピーによる現象の表現

ここでは，議論を理想気体に限定しないことにする．さて，いま 4.5.1 項で考えたような可逆熱機関を考える．この 1 サイクルにおいて流入する熱量を Q_1，流出する熱量を Q_2，外部に対して行う仕事を W とすると式(4.45)より，この熱機関の効率 η は次式で与えられる．

$$\eta = \frac{W}{Q_1} = \frac{Q_1 - Q_2}{Q_1} = 1 - \frac{Q_2}{Q_1} = 1 - \frac{T_2}{T_1} \tag{G.9}$$

また，これより次式が得られる．

$$\frac{Q_1}{T_1} = \frac{Q_2}{T_2} \tag{G.10}$$

これをクラウジウスの関係式という．式(G.8)より $S_1 - S_2$ は Q_1/T_1 に等しく，また式(G.10)より，Q_1/T_1 は Q_2/T_2 に等しいから次が成り立つ．

$$Q_2 = T_2(S_1 - S_2) \tag{G.11}$$

$S_1 - S_2$ をエントロピー変化 dS に，Q_2 を微小熱量 dQ などに置き換えると，式(G.3)に一致する．この関係を用いれば，式(4.49)で与えられた熱力学第一法則は，以下のように表すことができる．

$$dU = T\,dS - p\,dV \tag{G.12}$$

断熱変化では熱の出入りがゼロであるから，式(G.3)より

$$dQ = dS = 0 \tag{G.13}$$

になる．ゆえに断熱変化の条件を，以下のように表現することができる．

$$dS = 0 \quad \text{すなわち} \quad S = (一定) \tag{G.14}$$

G.4 カルノーサイクルのエントロピー

まずカルノーサイクルの T-S 線図を使って，エントロピーについて考察する．

図 G.2(a) にカルノーサイクルの T-S 線図を示した．図中の線分 AB は高さ T_1 の水平線，線分 CD は高さ T_2 の水平線である．線分 BC と DA は縦軸に垂直な直線で，断熱変化を表す．また高温熱源から流入する熱量 Q_1 は長方形 ABS_1S_2 の面積に等しく，流出する熱量 Q_2 の絶対値は長方形

(a) 　　　　　　　　　　(b)

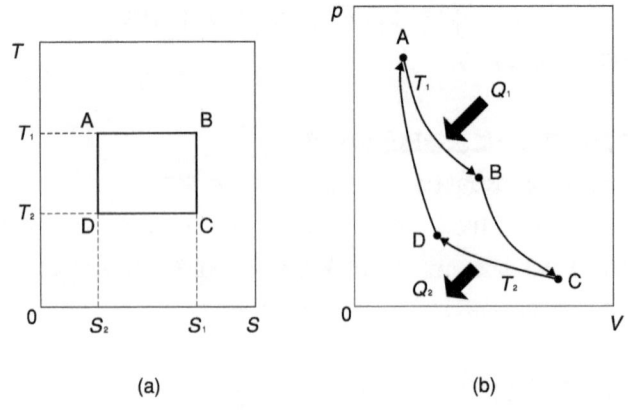

図 G.2 カルノーサイクル

DCS_1S_2 の面積に等しい．二つの面積の差は $(T_1 - T_2)(S_1 - S_2)$ で与えられ，これはこのサイクルが外部に対して行った仕事 W に相当する．

次に図 G.2(b) として示したカルノーサイクルの p-V 線図を使って考察する．

いま状態 A から出発して 1 サイクルを巡り，再び A に戻ったとする．このときのエントロピー変化 ΔS は

$$\Delta S = \frac{Q_1}{T_1} - \frac{Q_2}{T_2} \tag{G.15}$$

で与えられる．このとき式 (G.10) より

$$\Delta S = 0 \tag{G.16}$$

となる．1 サイクルを終えて，元の状態 A に戻ったとき値が変わらないので，エントロピーは状態量であることがわかる．

G.5　混合のエントロピー

二種類の異なる理想気体の混合を考える．いま図 G.3(a) のように，気体 1 と 2 を体積 V_1, V_2 の二つの部屋にそれぞれ閉じこめておく．二つの気体とも圧力は p，温度は T であるとする．ここで (b) のように仕切りを取り除く．すると不可逆変化を経て，均一に混合した (c) の状態になる．気体 1, 2 のエントロピーはそれぞれ S_1, S_2 から S_1', S_2' に増加しているから混合後の体積を V とすると，気体 1 については

$$S_1' - S_1 = n_1 R \ln \frac{V}{V_1} \tag{G.17}$$

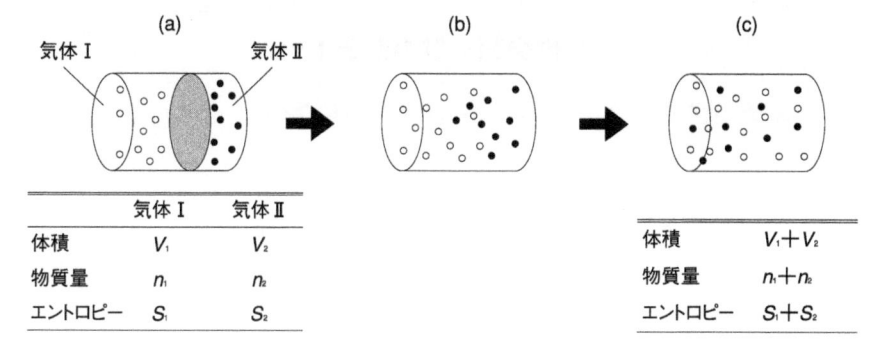

	気体 I	気体 II
体積	V_1	V_2
物質量	n_1	n_2
エントロピー	S_1	S_2

体積	$V_1 + V_2$
物質量	$n_1 + n_2$
エントロピー	$S_1 + S_2$

図 G.3　混合のエントロピー

気体 2 については

$$S_2' - S_2 = n_2 R \ln \frac{V}{V_2} \tag{G.18}$$

の関係が与えられる．全体のエントロピーは $S = S_1 + S_2$ から $S' = S_1' + S_2'$ に増加しており，このときのエントロピー変化 ΔS は式(G.17)と(G.18)を使って次式で与えられる．

$$\begin{aligned}\Delta S &= S' - S = (S_1' - S_1) + (S_2' - S_2) \\ &= n_1 R \ln \frac{V}{V_1} + n_2 R \ln \frac{V}{V_2} > 0\end{aligned} \tag{G.19}$$

この値を混合のエントロピーという．

ところで気体 1，2 の物質量をそれぞれ n_1, n_2，合計の物質量を $n (= n_1 + n_2)$ とすると，体積との間に次の関係が成り立つ．

$$\frac{V_1}{V} = \frac{n_1}{n}, \ \frac{V_2}{V} = \frac{n_2}{n} \tag{G.20}$$

したがって式(G.19)は，次のように表すこともできる．

$$\begin{aligned}\Delta S &= n_1 R \ln \frac{n}{n_1} + n_2 R \ln \frac{n}{n_2} \\ &= nR \ln n - n_1 R \ln n_1 - n_2 R \ln n_2 > 0\end{aligned} \tag{G.21}$$

一般に m 種類 ($m \geq 2$) の理想気体が混合するときの混合のエントロピー ΔS は，式(G.21)を拡張して，次のように表される．

$$\Delta S = nR \ln n - R \sum_i n_i \ln n_i \tag{G.22}$$

ここで n_i は気体 i の物質量，n は全体の物質量である．

付録H　フガシティー

温度一定の条件では，式(5.6)は以下のようになる．

$$dG = V dp \tag{H.1}$$

これと式(5.21)より，フガシティー f について次の関係が得られる．

$$d(\ln f) = \frac{V_\mathrm{m}}{RT} dp \tag{H.2}$$

ここで V_m はモル体積を表す．

さて，一般に次の関係が成り立つ．

$$d(\ln p) = \frac{dp}{p} \tag{H.3}$$

式(H.2)と(H.3)の差をとると

$$d\left(\ln \frac{f}{p}\right) = \left(\frac{V_\mathrm{m}}{RT} - \frac{1}{p}\right) dp \tag{H.4}$$

となる．これを p について 0 から p まで積分すると，低圧の場合に $f/p = 1$ となるので次式を得る．

$$\ln \frac{f}{p} = \int_0^p \left(\frac{V_\mathrm{m}}{RT} - \frac{1}{p}\right) dp \tag{H.5}$$

また圧縮因子 Z を用いると，式(H.5)は以下のように表せる．

$$\ln \frac{f}{p} = \int_0^p \frac{Z-1}{p} dp \tag{H.6}$$

これにより，フガシティー f を求めることができる．

付録I　平衡定数

I.1　濃度平衡定数

以下に示す反応

$$H_2 + I_2 \rightleftharpoons 2 HI \tag{I.1}$$

が一つの容器中で平衡に達しているとき，水素 H_2，ヨウ素 I_2 およびヨウ化水素 HI のモル濃度をそれぞれ $[H_2]$，$[I_2]$，$[HI]$ と表すと，次の関係が成立する．

$$\frac{[\mathrm{HI}]^2}{[\mathrm{H_2}][\mathrm{I_2}]} = K_\mathrm{c} \quad (\text{一定}) \tag{I.2}$$

この K_c を濃度平衡定数という．温度が一定であれば，濃度や圧力と無関係に K_c は一定である．

一般的に述べると，反応

$$a\mathrm{A} + b\mathrm{B} + c\mathrm{C} + \cdots \rightleftarrows p\mathrm{P} + q\mathrm{Q} + r\mathrm{R} + \cdots \tag{I.3}$$

が平衡状態のとき，次式が成り立つ．

$$\frac{[\mathrm{P}]^p[\mathrm{Q}]^q[\mathrm{R}]^r\cdots}{[\mathrm{A}]^a[\mathrm{B}]^b[\mathrm{C}]^c\cdots} = K_\mathrm{c} \tag{I.4}$$

I.2 圧平衡定数

気体どうしの反応においては濃度平衡定数 K_c の代わりに，各成分気体の分圧を用いた圧平衡定数 K_p を用いることが多い．たとえば，発熱反応

$$\mathrm{N_2} + 3\mathrm{H_2} \rightleftarrows 2\mathrm{NH_3} \tag{I.5}$$

では $p_{\mathrm{NH_3}}, p_{\mathrm{N_2}}, p_{\mathrm{H_2}}$ をそれぞれ $\mathrm{NH_3}, \mathrm{N_2}, \mathrm{H_2}$ の分圧として，次のように表される．

$$K_\mathrm{p} = \frac{p_{\mathrm{NH_3}}^2}{p_{\mathrm{N_2}} p_{\mathrm{H_2}}^3} \tag{I.6}$$

K_p の値は温度が一定であれば，ほとんど一定であり，圧力が一定であれば，式(I.5)のような発熱反応の K_p の値は温度の上昇とともに著しく減少する．K_p の圧力，温度依存性をそれぞれ表 I.1 と表 I.2 に示す．なお表 I.1 において高圧になると K_p がいくぶん大きくなるのは，気体が理想気体からず

表 I.1 K_p の圧力依存性(温度一定．500 ℃)

圧力[atm]	$\mathrm{NH_3}$ の体積[%]	$K_\mathrm{p}[\mathrm{atm^{-2}}]$
10	1.21	1.45×10^{-5}
100	10.61	1.62×10^{-5}
300	26.44	2.84×10^{-5}
600	42.15	4.23×10^{-5}

表 I.2 K_p の温度依存性(圧力一定．50 atm)

温度[℃]	$K_\mathrm{p}[\mathrm{atm^{-2}}]$
400	1.67×10^{-5}
560	4.50×10^{-5}
720	3.40×10^{-5}
920	4.0×10^{-5}

I.3 濃度平衡定数と圧平衡定数の関係

N_2, H_2 および NH_3 が温度 T, 体積 V の一つの容器中で平衡の状態にあるものとする．n_{N_2}, n_{H_2}, n_{NH_3} をそれぞれの物質量，p_{N_2}, p_{H_2}, p_{NH_3} をそれぞれの分圧とすると，各気体について理想気体の状態方程式を適用し

$$p_{N_2} = \frac{n_{N_2}}{V} RT = [N_2] RT \tag{I.7}$$

$$p_{H_2} = \frac{n_{H_2}}{V} RT = [H_2] RT \tag{I.8}$$

$$p_{NH_3} = \frac{n_{NH_3}}{V} RT = [NH_3] RT \tag{I.9}$$

を得る．これより

$$K_p = \frac{p_{NH_3}^2}{p_{N_2} p_{H_2}^3} = \frac{([NH_3] RT)^2}{([N_2] RT)([H_2] RT)^3} = \frac{[NH_3]^2}{[N_2][H_2]^3} \frac{1}{(RT)^2}$$

$$= K_c (RT)^{-2} \tag{I.10}$$

すなわち

$$K_c = K_p (RT)^2 \tag{I.11}$$

となる．一般的にいえば，反応

$$a A(g) + b B(g) \rightleftharpoons p P(g) + q Q(g) \tag{I.12}$$

においては

$$K_p = K_c (RT)^{(p+q)-(a+b)} \quad \text{または} \quad K_c = K_p (RT)^{(a+b)-(p+q)} \tag{I.13}$$

の関係が成り立つ．

付録J　ウィルソン式の導出

これまで，分子の混合はランダムであると考えてきた．ここではまず，この仮定について吟味することから始める．いま分子1と分子2が中心となるセルを考えることにし，このときの分子間の相互作用エネルギーを λ で表すことにする．二成分系混合物のそれぞれのモル分率が x_1 および x_2（これらは混合物について平均値となる）である場合に，Wilson は分子1が中心になっているセルでの分子1と分子2のモル分率 x_{11} と x_{21} の比 x_{21}/x_{11} をマク

スウェル・ボルツマン分布の類推から次式で与えた．

$$\frac{x_{21}}{x_{11}} = \frac{x_2 \exp(-\lambda_{21}/RT)}{x_1 \exp(-\lambda_{11}/RT)} = \frac{x_2}{x_1} \exp\left(-\frac{\lambda_{21} - \lambda_{11}}{RT}\right) \tag{J.1}$$

ここで λ_{11} および λ_{21} は，それぞれ分子1が中心になっているセルでの分子1と分子2の相互作用エネルギーである．まったく同様な考察を，分子2が中心になっているセルに対しても行うと

$$\frac{x_{12}}{x_{22}} = \frac{x_1 \exp(-\lambda_{12}/RT)}{x_2 \exp(-\lambda_{22}/RT)} = \frac{x_1}{x_2} \exp\left(-\frac{\lambda_{12} - \lambda_{22}}{RT}\right) \tag{J.2}$$

を得る．

さて，分子1が中心になっているセルにおいて，分子1が占める体積の割合，すなわち局所容積分率 ϕ_{11} は次式で表される．

$$\phi_{11} = \frac{V_1 x_{11}}{V_1 x_{11} + V_2 x_{21}} = \frac{1}{1 + (V_2 x_{21}/V_1 x_{11})} \tag{J.3}$$

ただし V_1, V_2 は，それぞれ分子1，分子2のモル体積である．まったく同様に，分子2が中心になっているセルにおいて局所容積分率 ϕ_{22} を考えると

$$\phi_{22} = \frac{V_2 x_{22}}{V_1 x_{12} + V_2 x_{22}} = \frac{1}{(V_1 x_{12}/V_2 x_{22}) + 1} \tag{J.4}$$

となる．

式(J.3)に(J.1)を代入して整理すると，次を得る．

$$\phi_{11} = \frac{1}{1 + (x_2/x_1)\Lambda_{12}} \tag{J.5}$$

ただし，Λ_{12} は次式で定義する．

$$\Lambda_{12} = \frac{V_2}{V_1} \exp\left(-\frac{\lambda_{21} - \lambda_{11}}{RT}\right) \tag{J.6}$$

同様に式(J.4)と(J.2)から以下を得る．

$$\phi_{22} = \frac{1}{1 + (x_1/x_2)\Lambda_{21}} \tag{J.7}$$

ただし

$$\Lambda_{21} = \frac{V_1}{V_2} \exp\left(-\frac{\lambda_{12} - \lambda_{22}}{RT}\right) \tag{J.8}$$

である．なおパラメータ Λ_{12} と Λ_{21} については

$$\Lambda_{ii} = 0, \quad \Lambda_{ij} = \Lambda_{ji} \tag{J.9}$$

が成り立つ.

ところで Flory と Huggins によると，1 mol 当りの過剰エントロピー $\Delta S_{\mathrm{m}}^{\mathrm{E}}$ は次式で与えられる.

$$\Delta S_{\mathrm{m}}^{\mathrm{E}} = -R\left(x_1 \ln \frac{\phi_1}{x_1} + x_2 \ln \frac{\phi_2}{x_2}\right) \tag{J.10}$$

ここで同様に考えて，次式を得る.

$$\Delta S_{\mathrm{m}}^{\mathrm{E}} = -R\left(x_1 \ln \frac{\phi_{11}}{x_1} + x_2 \ln \frac{\phi_{22}}{x_2}\right) \tag{J.11}$$

よって，1 mol 当りの過剰ギブズ自由エネルギー $\Delta G_{\mathrm{m}}^{\mathrm{E}}$ は次式で与えられる.

$$\Delta G_{\mathrm{m}}^{\mathrm{E}} = -T\Delta S_{\mathrm{m}}^{\mathrm{E}} = RT\left(x_1 \ln \frac{\phi_{11}}{x_1} + x_2 \ln \frac{\phi_{22}}{x_2}\right) \tag{J.12}$$

また，活量係数 γ_i は $\Delta G_{\mathrm{m}}^{\mathrm{E}}$ を用いて次式で求められる.

$$RT \ln \gamma_i = \Delta G_{\mathrm{m}}^{\mathrm{E}} + \frac{\partial \Delta G_{\mathrm{m}}^{\mathrm{E}}}{\partial x_i} - \sum_j x_j \frac{\partial \Delta G_{\mathrm{m}}^{\mathrm{E}}}{\partial x_j} \tag{J.13}$$

$$\ln \gamma_i = \frac{1}{RT}\left(\Delta G_{\mathrm{m}}^{\mathrm{E}} + \frac{\partial \Delta G_{\mathrm{m}}^{\mathrm{E}}}{\partial x_i} - \sum_j x_j \frac{\partial \Delta G_{\mathrm{m}}^{\mathrm{E}}}{\partial x_j}\right) \tag{J.14}$$

ここで式（J.12）より

$$\begin{aligned}\frac{1}{RT}\Delta G_{\mathrm{m}}^{\mathrm{E}} &= x_1 \ln \frac{\phi_{11}}{x_1} + x_2 \ln \frac{\phi_{22}}{x_2} \\ &= x_1 \ln \frac{1}{x_1 + x_2 \Lambda_{12}} + x_2 \ln \frac{1}{x_2 + x_1 \Lambda_{21}}\end{aligned} \tag{J.15}$$

また

$$\frac{1}{RT}\frac{\Delta G_{\mathrm{m}}^{\mathrm{E}}}{\partial x_1} = \ln \frac{1}{x_1 + x_2 \Lambda_{12}} - \frac{x_1}{x_1 + x_2 \Lambda_{12}} - \frac{x_2 \Lambda_{21}}{x_2 + x_1 \Lambda_{21}} \tag{J.16}$$

$$\frac{1}{RT}\frac{\Delta G_{\mathrm{m}}^{\mathrm{E}}}{\partial x_2} = \ln \frac{1}{x_2 + x_1 \Lambda_{21}} - \frac{x_2}{x_2 + x_1 \Lambda_{21}} - \frac{x_1 \Lambda_{12}}{x_1 + x_2 \Lambda_{12}} \tag{J.17}$$

式（J.14）から（J.17）を用いれば，$\ln \gamma_1$ が次のように求まる.

$$\ln \gamma_1 = \frac{1}{RT}\left(\Delta G_{\mathrm{m}}^{\mathrm{E}} + \frac{\partial \Delta G_{\mathrm{m}}^{\mathrm{E}}}{\partial x_1} - x_1 \frac{\partial \Delta G_{\mathrm{m}}^{\mathrm{E}}}{\partial x_1} - x_2 \frac{\partial \Delta G_{\mathrm{m}}^{\mathrm{E}}}{\partial x_2}\right)$$

$$= \left(x_1 \ln \frac{1}{x_1 + x_2 \Lambda_{12}} + x_2 \ln \frac{1}{x_2 + x_1 \Lambda_{21}} \right)$$
$$+ \left(\ln \frac{1}{x_1 + x_2 \Lambda_{12}} - \frac{x_1}{x_1 + x_2 \Lambda_{12}} - \frac{x_2 \Lambda_{12}}{x_2 + x_1 \Lambda_{21}} \right)$$
$$- \left(x_1 \ln \frac{1}{x_1 + x_2 \Lambda_{12}} - \frac{x_1^2}{x_1 + x_2 \Lambda_{12}} - \frac{x_1 x_2 \Lambda_{21}}{x_2 + x_1 \Lambda_{21}} \right)$$
$$- \left(x_2 \ln \frac{1}{x_2 + x_1 \Lambda_{21}} - \frac{x_2^2}{x_2 + x_1 \Lambda_{21}} - \frac{x_1 x_2 \Lambda_{12}}{x_1 + x_2 \Lambda_{12}} \right)$$
$$= - \ln(x_1 + x_2 \Lambda_{12}) + \frac{x_1(x_1 + x_2 \Lambda_{12})}{x_1 + x_2 \Lambda_{12}} + \frac{x_2(x_2 + x_1 \Lambda_{21})}{x_2 + x_1 \Lambda_{21}}$$
$$- \frac{x_1}{x_1 + x_2 \Lambda_{12}} - \frac{x_2 \Lambda_{21}}{x_2 + x_1 \Lambda_{21}}$$
$$= - \ln(x_1 + x_2 \Lambda_{12}) + x_1 + x_2 - \frac{x_1}{x_1 + x_2 \Lambda_{12}} - \frac{x_2 \Lambda_{21}}{x_2 + x_1 \Lambda_{21}}$$

ここで $x_1 + x_2 = 1$ を代入して整理すると,式(J.18)を得る.

$$\ln \gamma_1 = - \ln(x_1 + x_2 \Lambda_{12}) + x_2 \left(\frac{\Lambda_{12}}{x_1 + x_2 \Lambda_{12}} - \frac{\Lambda_{21}}{x_2 + x_1 \Lambda_{21}} \right) \quad (\text{J}.18)$$

まったく同様に $\ln \gamma_2$ についても計算すると

$$\ln \gamma_2 = \frac{1}{RT} \left(\Delta G_\mathrm{m}^\mathrm{E} + \frac{\partial \Delta G_\mathrm{m}^\mathrm{E}}{\partial x_2} - x_1 \frac{\partial \Delta G_\mathrm{m}^\mathrm{E}}{\partial x_1} - x_2 \frac{\partial \Delta G_\mathrm{m}^\mathrm{E}}{\partial x_2} \right)$$
$$= \left(x_1 \ln \frac{1}{x_1 + x_2 \Lambda_{12}} + x_2 \ln \frac{1}{x_2 + x_1 \Lambda_{21}} \right)$$
$$+ \left(\ln \frac{1}{x_1 + x_1 \Lambda_{21}} - \frac{x_2}{x_2 + x_1 \Lambda_{21}} - \frac{x_1 \Lambda_{12}}{x_1 + x_2 \Lambda_{12}} \right)$$
$$- \left(x_1 \ln \frac{1}{x_1 + x_2 \Lambda_{12}} - \frac{x_1^2}{x_1 + x_2 \Lambda_{12}} - \frac{x_1 x_2 \Lambda_{21}}{x_2 + x_1 \Lambda_{21}} \right)$$
$$- \left(x_2 \ln \frac{1}{x_2 + x_1 \Lambda_{21}} - \frac{x_2^2}{x_2 + x_1 \Lambda_{21}} - \frac{x_1 x_2 \Lambda_{12}}{x_1 + x_2 \Lambda_{12}} \right)$$
$$= - \ln(x_2 + x_1 \Lambda_{21}) + x_1 + x_2 - \frac{x_2}{x_2 + x_1 \Lambda_{21}} - \frac{x_1 \Lambda_{12}}{x_1 + x_2 \Lambda_{12}}$$
$$= - \ln(x_2 + x_1 \Lambda_{21}) + 1 - \frac{x_2}{x_2 + x_1 \Lambda_{21}} - \frac{x_1 \Lambda_{12}}{x_1 + x_2 \Lambda_{12}}$$
$$= - \ln(x_2 + x_1 \Lambda_{21}) + x_1 \left(\frac{\Lambda_{21}}{x_2 + x_1 \Lambda_{21}} - \frac{\Lambda_{12}}{x_1 + x_2 \Lambda_{12}} \right) \quad (\text{J}.19)$$

式(J.6)と(J.8),式(J.18)と(J.19)が6.2.3項で示したウィルソン式である.以上のようにして,ウィルソン式を導出することができた.

付録K 純物質と混合系におけるフガシティーの導出

フガシティーの導出には数多くの方法がある．ここでは，純物質についてはファンデルワールス式による導出を，二成分混合系についてはSRK式を用いた導出を行う．

K.1 純物質におけるファンデルワールス式を用いた導出

熱力学的基礎式より，純物質のフガシティー f は次式で与えられる．

$$RT \ln \frac{f}{p} = \int_V^\infty \left(\frac{p}{n} - \frac{RT}{V} \right) dV + RT(Z-1) - RT \ln Z \tag{K.1}$$

式(3.10)で与えられるファンデルワールス式を変形すると

$$p = \frac{RT}{V_m - b} - \frac{a}{V_m^2} = \frac{RT}{(V/n) - b} - \frac{a}{(V/n)^2}$$
$$= \frac{nRT}{V - nb} - \frac{n^2 a}{V^2} \tag{K.2}$$

となる．V_m はモル体積である．ここで式(K.1)に(K.2)を代入して整理すると

$$RT \ln \frac{f}{p} = \int_V^\infty \left(\frac{RT}{V - nb} - \frac{na}{V^2} - \frac{RT}{V} \right) dV + RT(Z-1) - RT \ln Z$$
$$= -RT \ln \frac{V - nb}{V} - \frac{na}{V} + RT(Z-1) - RT \ln Z$$
$$= RT \ln \frac{V_m}{V_m - b} - \frac{a}{V_m} + RT(Z-1) - RT \ln Z \tag{K.3}$$

を得る．以上で純物質のフガシティー f が求められた．

K.2 二成分混合系におけるSRK式を用いた導出

すでにみたように，SRK式は以下で与えられる．

$$p = \frac{RT}{V_m - b} - \frac{a}{V_m(V_m + b)} \tag{K.4}$$

ここで二成分混合系においては定数 a, b は次で与えられるとする．

$$a = a_1 y_1^2 + 2a_{12} y_1 y_2 + a_2 y_2^2 \tag{K.5}$$
$$b = b_1 y_1 + b_2 y_2 \tag{K.6}$$

$$a_{12} = (1 - \theta_{12})\sqrt{a_1 a_2} \tag{K.7}$$

ただし

$$a_i = a_{ci}\alpha_i \tag{K.8}$$

$$\alpha_i = \left\{1 + m_i\left(1 - \sqrt{\frac{T}{T_{ci}}}\right)\right\}^2 \tag{K.9}$$

$$m_i = 0.480 + 1.574\omega_i - 0.176\omega_i^2 \tag{K.10}$$

$$a_{ci} = \frac{0.42747 R^2 T_{ci}^2}{p_{ci}} \tag{K.11}$$

$$b_i = \frac{0.08664 R T_{ci}}{p_{ci}} \tag{K.12}$$

ここで下つきの添字 i は成分 i についての値,c は臨界点における値であることを表す.なお θ は相互作用パラメータ,ω は偏心因子である.

式(K.5)から(K.7)に示した混合則を用いると,気相および液相中の成分 i のフガシティー係数 φ_i は次式で計算できる.

$$\ln \varphi_i = \frac{b_i}{V_m - b} - \ln \frac{V_m - b}{V_m} - \frac{ab_i}{RTb(V_m + b)}$$
$$+ \frac{1}{RTb}\left(2\sum_j y_j a_{ij} - \frac{ab_i}{b}\right)\ln \frac{V_m}{V_m + b} - \ln Z \tag{K.13}$$

ここで圧縮因子 Z は次式で与えられる.

$$Z = \frac{V_m}{V_m - b} - \frac{a}{RT(V_m + b)} \tag{K.14}$$

与えられた温度と組成について定数 a を決めると,式(K.13)および(K.14)より V_m についての三次式を解くことができる.この三つの解のうち最も大きい値が気モル体積,最も小さい値が液モル体積として得られる.気相中の成分 i のフガシティー係数は気モル体積と気相組成から,液相中の成分 i のフガシティー係数は液モル体積と液相組成から求められる.なお式(K.13)は a_m,b_m の混合則が異なるので式(E.26)とは一致しない.また,θ_{ij} は全実測値(組成や全圧などの目的変数のいずれか)について,実測値と計算値の誤差が最小となるように決定する.

付　表

付表 1　SI 基本単位

物理量	名称	記号
長さ	メートル	m
質量	キログラム	kg
時間	秒	s
温度	ケルビン	K
物質量	モル	mol
電流	アンペア	A
光度	カンデラ	cd

付表 2　SI 誘導単位

物理量	名称	記号	他の単位との関係
力	ニュートン	N	$m \cdot kg \cdot s^{-2}$
圧力	パスカル	Pa	$m^{-1} \cdot kg \cdot s^{-2}\ (= N \cdot m^{-2})$
エネルギー	ジュール	J	$m^2 \cdot kg \cdot s^{-2}$
仕事率	ワット	W	$m^2 \cdot kg \cdot s^{-3}\ (= J \cdot s^{-1})$
電気量	クーロン	C	$A \cdot s$
電圧	ボルト	V	$m^2 \cdot kg \cdot s^{-3} \cdot A^{-1}\ (= J \cdot A^{-1} \cdot s^{-1})$
電気抵抗	オーム	Ω	$m^2 \cdot kg \cdot s^{-3} \cdot A^{-2}\ (= V \cdot A^{-1})$
コンダクタンス	ジーメンス	S	$m^{-2} \cdot kg^{-1} \cdot s^3 \cdot A^2\ (= \Omega^{-1})$
電気容量	ファラド	F	$m^{-2} \cdot kg^{-1} \cdot A^2 \cdot s^4\ (= A \cdot s \cdot V^{-1})$
周波数	ヘルツ	Hz	s^{-1}

付表 3　SI 接頭語

	ピコ	ナノ	マイクロ	ミリ	センチ	デシ	キロ	メガ	ギガ
大きさ	10^{-12}	10^{-9}	10^{-6}	10^{-3}	10^{-2}	10^{-1}	10^{3}	10^{6}	10^{9}
記号	p	n	μ	m	c	d	k	M	G

付表 4　基礎的な物理定数

量	記号	値
円周率	π	3.141593
ファラデー定数	F	$9.6485456 \times 10^4\ C \cdot mol^{-1}$
ボルツマン定数	k	$1.38066 \times 10^{-23}\ J \cdot K^{-1}$
気体定数	R	$8.31441\ J \cdot K^{-1} \cdot mol^{-1}$
		$8.2056 \times 10^{-2}\ atm \cdot dm^3 \cdot K^{-1} \cdot mol^{-1}$
		$1.98720\ cal \cdot K^{-1} \cdot mol^{-1}$
アボガドロ数	L	$6.02205 \times 10^{23}\ mol^{-1}$
プランク定数	h	$6.62618 \times 10^{-34}\ J \cdot s$
重力加速度	g	$9.80665\ m \cdot s^{-2}$
真空中の光の速さ	c	$2.997925 \times 10^8\ m \cdot s^{-1}$
理想気体の標準モル体積		$2.241383 \times 10^{-2}\ m^3 \cdot mol^{-1}$

付表6 おもな物質の臨界定数

物　質	臨界圧 p_c[MPa]	臨界温度 T_c[K]	臨界体積 V_c[cm³·mol⁻¹]	偏心因子 ω[−]
一酸化炭素 CO	3.491	132.91	93.5	0.049
二酸化炭素 CO_2	7.38	304.2	94.4	0.225
水 H_2O	22.12	647.30	57.11	0.344
二酸化窒素 NO_2	10.1	431	82	0.86
二酸化硫黄 SO_2	7.884	430.8	122	0.251
フッ化水素 HF	6.48	461	69	0.372
塩化水素 HCl	8.31	324.6	81	0.12
臭化水素 HBr	8.55	363.2	110	0.063
ヨウ化水素 HI	8.31	424.0	135	0.05
シアン化水素 HCN	5.39	456.8	139	—
硫化水素 H_2S	8.94	373.2	98.5	0.100
アンモニア NH_3	11.28	405.6	72.5	0.250
メタン CH_4	4.595	190.55	98.9	0.008
エチレン C_2H_4	5.076	282.65	128.68	0.085
エタン C_2H_6	4.871	305.3	147	0.098
プロパン C_3H_8	4.250	369.82	203	0.152
ベンゼン C_6H_6	4.898	562.16	259	0.212
シクロヘキサン C_6H_{12}	4.07	553.4	308	0.443
トルエン $C_6H_5CH_3$	4.109	591.79	316	0.257
ナフタレン $C_{10}H_8$	4.11	748.4	408	0.302
メタノール CH_3OH	8.10	512.58	118	0.559
エタノール C_2H_5OH	6.38	516.2	167	0.635
フェノール C_6H_5OH	6.13	694.2	264	0.440
アセトアルデヒド CH_3CHO	5.54	461	168	0.303
アセトン $(CH_3)_2CO$	4.70	508.2	209	0.309
酢酸 CH_3COOH	5.79	594.45	171	0.454
酢酸メチル CH_3COOCH_3	4.69	506.8	228	0.324
酢酸エチル $CH_3COOC_2H_5$	3.83	523.2	286	0.363
ジメチルエーテル $(CH_3)_2O$	5.37	400	190	0.192
ジエチルエーテル $(C_2H_5)_2O$	3.638	466.70	280	0.281
アニリン $C_6H_5NH_2$	5.31	699	279	0.382
四塩化炭素 CCl_4	4.56	556.4	276	0.194

[日本機械学会著,『流体の熱物性値集』技術資料,日本機械学会(1983)による]

付表5 式(3.2)のアントワン定数

物　質	A	B	C	温度範囲[K]
水	16.56989	3984.923	−39.724	273.15〜373.15
クロロホルム	13.99869	2696.249	−46.918	263.15〜333.15
n-ブタン	13.85871	2911.319	−56.510	270.15〜400.15
メタノール	16.59214	3643.314	−33.424	288.15〜357.15
エタノール	16.66404	3667.705	−46.966	293.15〜366.15
n-プロパノール	17.27826	4117.068	−45.712	258.15〜371.15
n-ブタノール	14.94047	3005.329	−99.723	362.15〜399.15
シクロヘキサン	13.76108	2778.000	−50.014	280.15〜354.15
ベンゼン	13.82650	2755.642	−53.989	281.15〜353.15
トルエン	13.98998	3090.783	−53.963	246.15〜384.15
n-ヘキサン	14.08130	3346.646	−57.840	300.15〜389.15
アセトン	14.37284	2787.498	−43.486	260.15〜328.15

式(3.2)は以下で示された.

$$\ln p^\circ = A - \frac{B}{T+C}$$

ただし p°, T の単位はそれぞれ kPa, K である.

[J. Gmehling et al., DECHEMA Chemistry Data Series, Vol. 1, Part 1〜8(1977〜1984)より抜粋]

図表の出典一覧

以下に，本書で引用した図表の出典をまとめて示す．最後の〔 〕内に示したのは本書中での図表番号である．

第1章

1) 資源エネルギー庁編，『エネルギー．2001』，電力新報社（2001）．〔表1.3，表1.4および表1.6〕
2) 服部英ほか著，『新しい触媒化学』，三共出版（1988）．〔表1.7〕

第3章

1) 荒井康彦，岩井芳夫編，『工学のための物理化学』，朝倉書店（1991）．〔図3.8および図3.9〕
2) R. C. Reidほか著，『気体，液体の物性推算ハンドブック（第3版）』（平田光穂監訳），マグロウヒルブック（1985）．〔表3.3〕
3) B. E. Poling, J. M. Prausnitz, J. P. O'Connell, "The Properties of Gases and Liquids," 5th Ed., McGraw-Hill (2000).〔表3.5〕

第6章

1) J. Gmehling, U. Onken, W. Arlt, "Vapor-Liquid Equilibrium Data Collection," DECHEMA (1986).〔図6.3および図6.7〕
2) 小島和夫著，『かいせつ化学熱力学』，培風館（2001）．〔表6.1および表6.2〕
3) T. Oishi, J. M. Prausnitz, $Ind. Eng. Chem. Process Des. Dev.$, **17**, 333 (1978).〔表6.1および表6.2〕
4) J. M. Prausnitz, "Molecular Thermodynamics of Fluid-Phase Equilibria," Prentice-Hall (1969).〔図6.10〕
5) 荒井康彦，岩井芳夫編，『工学のための物理化学』，朝倉書店（1991）．〔図6.11から図6.15〕
6) 斎藤正三郎ほか著，『化学工学熱力学：例解演習』，日刊工業新聞社（1980）．〔図6.16〕

付録F

1) R. C. Reid, J. M. Prausnitz, B. E. Poling, "The Properties of Gases and Liquids," 4th Ed., McGraw-Hill (1987).〔表F.1〕

2) C. F. Chueh, A. C. Swanson, *Chem. Eng. Prog.*, **69**, 83 (1973); *Can. J. Chem. Eng.*, **51**, 596 (1973).〔表 F.2〕

章末問題の解答

■第1章■

1. 終末速度では，粒子は一定速度の運動をし $du/d\theta=0$ となる．
$$\left(\frac{\rho_p-\rho}{\rho_p}\right)g-\frac{3}{4}C\frac{u^2}{D_p}\frac{\rho}{\rho_p}=0$$
上式に $C=24\mu/(\rho u D_p)$ を代入して整理すると
$$u=\frac{1}{18}\frac{D_p^2}{\mu}(\rho_p-\rho)g$$
ゆえに終末速度は 8.7×10^{-3} m·s^{-1} となる．

2. 結果のみを示すと，原油の究極埋蔵量2兆バーレルは琵琶湖のおよそ11.6杯分に相当する．いかに原油が限られた少ない資源であるかがわかる．

3. 1140 km をガソリン 1 kg 当り 15 km 走る乗用車で走行すると，使用されるガソリンの質量は 1140/15=76 kg=7600 g である．オクタンの分子量は114.23であるから，これはおよそ670 mol に相当する．オクタン1分子から二酸化炭素8分子が生成するので，二酸化炭素はおよそ5400 mol．質量は 5400×44=237600 より約 240,000 g となる．その標準状態(0 °C, 1 atm)における体積は約120 m^3 となる．

4. 約10万トン．　5. 約45,000年分

6. 燃料電池自動車の場合は約18%，天然ガス自動車の場合は約13% となる．

■第2章■

1. まず KC を求めると $KC=0.02\times120=2.4$. したがって式(2.6)より n は以下のように求まる．
$$6.0\times2.4/(1+2.4)=4.24 \text{ mol·kg}^{-1}$$
ゆえに吸着剤を 5 kg 用いたときの吸着量は $4.24\times5=21.2$ mol になる．

2. まず $-V/W$ を求めると $-V/W=-1/100=-0.01$ m^3·kg^{-1}. この傾きの直線を使って2.1.2項で説明したように作図すると図のようになる．この図から，出口での排水の溶質濃度が 20 mol·m^{-3} であることがわかる．したがって溶質の活性炭への吸着量は $(400-20)\times1=380$ mol である．

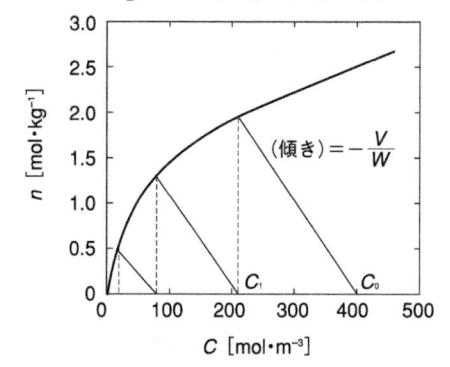

3. 1 m^3 中に充填された吸着剤粒子の個数を N 個とする．このとき全表面積 S は $S=4\pi(d_p/2)^2 N$，全粒子体積 V は $V=(4/3)\pi(d_p/2)^3 N$ と表されるので $S=6V/d_p$ が成り立つ．外表面積 a_v は S に等しく $a_v=6V/d_p$ であり，空隙率 ε は $\varepsilon=1-V$ と表されるので，与えられた関係
$$a_v=\frac{6(1-\varepsilon)}{d_p}$$
が成り立つ．

4. この水溶液 1 m^3 に含まれる NaCl の質量は $1020\times0.035=35.7$ kg となる．したがって，この水溶液のモル濃度 C は $C=35.7\times1000/58.5=610$ mol·m^{-3}. よってファントホッフの法則の式から浸透圧 Π は $\Pi=8.314\times298\times610\times2=3.0\times10^6$ Pa．

5. 燃焼反応は次の式で表される．
$$C_8H_{18}+\frac{25}{2}O_2 \longrightarrow 8CO_2+9H_2O$$
1 mol の C_8H_{18} を燃焼させるのに必要な O_2 は $25/2=12.5$ mol であり，これだけの O_2 を含む空気には $12.5\times(0.8/0.2)=50$ mol の N_2 が含まれている．したがって燃焼に必要な空気の質量は $32\times12.5+28\times50=1800$ g，また 1 mol の C_8H_{18} の質量は 114 g であるから，空燃比は $1800/114=15.8$ となる．

■第3章■

2. (a) まず圧力の単位を換算する．$p=2.0\times1.01325\times10^2$ kPa. 与えられた A, B, C と p の値をアントワン式に代入すれば $T=393.674791$ K=120.5 °C が得られる．

(b) 高い圧力の下では水の沸点は 100 °C を超える．この現象を利用したのが圧力鍋である．圧力鍋では鍋本体とフタを密着させ，空気を閉じこめて内部の圧力を高めるため水の沸点が上がる．内部の圧力は約 2 atm，沸点は 120 °C 近くにまでなるので，どんなものにでも火が早く通り，短時間に調理ができる．

3. 結果のみを示す．$f^V=16.9$ atm, $f^L=17.0$ atm.

4. 結果のみを以下に示す．

$$\ln\frac{f}{p}=\ln\frac{V_\mathrm{m}}{V_\mathrm{m}-b}+\frac{a}{bRT}\ln\frac{V_\mathrm{m}}{V_\mathrm{m}+b}+Z-1-\ln Z$$

5. 粘度は 119.35 μP．

■第4章■

1. 小惑星の運動エネルギーは
$$\frac{1}{2}\times\left\{\frac{4}{3}\pi\times\left(\frac{2\times10^3}{2}\right)^3\times3000\right\}\times(20\times10^3)^2$$
$$=2.51\times10^{21}\,\mathrm{J}$$
一方，わが国の年間エネルギー消費量は 2.3×10^{16} J である．よって小惑星の運動エネルギーは，わが国の年間エネルギー消費量の 109 倍に相当する．

2. 等温過程であるから，まず $\Delta H=\Delta U=0$ であることがわかる．次に式(4.6)より $W=(200\times10^3)\cdot(1-2)=-2.0\times10^5$ J．また式(4.7)より $Q=-W=2.0\times10^5$ J となる．

3. 後出の 11. で与えられる一般式 $Tp^{\gamma/\gamma-1}=$(一定) より $T_2/T_1=(p_2/p_1)^{\gamma-1/\gamma}$ が成り立つ．ここで $T_1=300$ K，$p_1=1$ atm，$p_2=0.8$ atm，$\gamma=1.4$ を代入すると $T_2=281$ K＝8 ℃ を得る．ゆえに温度は 8 ℃ に下がる．体積変化は式(4.44)より $p_1V_1^\gamma=p_2V_2^\gamma$ の関係を用いて $(V_2/V_1)^\gamma=p_1/p_2=1.25$．よって $V_2/V_1=1.17$．ゆえに体積は 1.17 倍になる．

4. 考える領域の体積は $(5000\times10^6)\times30=1.5\times10^{11}$ m³ である．この領域に含まれる空気の物質量は，気温を 25 ℃ として状態方程式から $(101.3\times1000)\times(1.5\times10^{11})/(8.314\times298.2)=6.1\times10^{12}$ mol となる．したがって温度上昇は
$$\frac{1.8\times10^{19}}{365}\bigg/\{(6.1\times10^{12})\times29.1\}=277\,\mathrm{K}$$
と求められる．

5. 効率 η は後出の 12. で与えられる式より $\eta=(403.15-303.15)/403.15=0.25$．ゆえに式(4.45)より $W=0.25\times1000=250$ kJ．すなわち 250 kJ の仕事ができる．

6. 電気エネルギーが 100％ の効率で熱に変換されていると考えると，1時間当り部屋に供給されている熱量は $1000\times3600=3.6\times10^6$ J となる．またカルノーサイクルを逆向きに運転させるヒートポンプを使う場合に必要な熱量は後出の 12. で与えられる式より $(3.6\times10^6)\times\{(298.15-283.15)/298.15\}=1.8\times10^5$ J，つまり 50 W の電力が必要である．

7. $Q_\mathrm{rev}=\Delta H$ であるから，式(4.50)より $\Delta S=6008/273.15=22.0$ J・K^{-1}・mol^{-1}．

8. エンタルピー変化 ΔH は $\Delta H=2\times(-285.83)+(-393.52)-(-74.85)=-890.33$ kJ・mol^{-1} と求まる．$\Delta H<0$ であるので，これは発熱反応である．

9. 例題 4.9 を参照して
$$\Delta S=\int_{T_1}^{T_2}C_\mathrm{P}\frac{\mathrm{d}T}{T}$$
ここで $T_1=273.15$ K，$T_2=423.15$ K，与えられた C_P の式を代入すれば
$$\Delta S=\int_{273.15}^{423.15}\left(\frac{27.31}{T}+23.83\times10^{-3}+1.707\right.$$
$$\left.\times10^{-5}T-1.185\times10^{-8}T^2\right)\mathrm{d}T$$
$$=16.09\,\mathrm{J\cdot K^{-1}\cdot mol^{-1}}$$
よってエントロピー増加量は 16.09 J・K^{-1}・mol^{-1} である．

10. 理想気体 1 mol を考える．いま状態方程式より $pV=RT$，式(4.12)より $\mathrm{d}U=C_\mathrm{V}\mathrm{d}T$ が成り立つ．これを式(4.13)に代入すると
$$\mathrm{d}Q=C_\mathrm{V}\mathrm{d}T+RT\frac{\mathrm{d}V}{V}$$
$\mathrm{d}S=\mathrm{d}Q/T$ より
$$\mathrm{d}S=C_\mathrm{V}\frac{\mathrm{d}T}{T}+R\frac{\mathrm{d}V}{V}$$
が得られる．状態(T_1,V_1)から(T_2,V_2)へ移ったときのエントロピー変化 ΔS は C_V を一定として上式を積分し，以下のようになる．
$$\Delta S=\int_1^2\mathrm{d}S=C_\mathrm{V}\ln\frac{T_2}{T_1}+R\ln\frac{V_2}{V_1}$$
これがエントロピー変化と定容モル熱容量 C_V との関係である．
一方，ΔS と定圧モル熱容量 C_P との関係について考えると，まず式(4.15)より
$$\mathrm{d}H=\mathrm{d}U+p\,\mathrm{d}V+V\,\mathrm{d}p$$
である．ここへ式(4.19)より $\mathrm{d}H=C_\mathrm{P}\mathrm{d}T$，また式(4.13)を代入して整理すると
$$\mathrm{d}Q=C_\mathrm{P}\mathrm{d}T-V\,\mathrm{d}p$$
さらに状態方程式 $pV=RT$ より
$$\mathrm{d}Q=C_\mathrm{P}\mathrm{d}T-RT\frac{\mathrm{d}p}{p}$$
$\mathrm{d}S=\mathrm{d}Q/T$ より
$$\mathrm{d}S=C_\mathrm{P}\frac{\mathrm{d}T}{T}-R\frac{\mathrm{d}p}{p}$$
ゆえに C_P を一定とすれば
$$\Delta S=\int_1^2\mathrm{d}S=C_\mathrm{P}\ln\frac{T_2}{T_1}-R\ln\frac{p_2}{p_1}$$
を得る．これがエントロピー変化と定圧モル熱容量 C_P との関係である．

■第5章■

1. (a) 高温側で自発的に進行する．(b) 低温側で自発的に進行する．(c) 全温度範囲で自発的に進行する．

2. 光合成の反応は次のように表される．
$$6\,\mathrm{CO_2(g)}+6\,\mathrm{H_2O(l)}$$
$$\longrightarrow\mathrm{C_6H_{12}O_6(aq)}+6\,\mathrm{O_2(g)}$$

これより標準自由エネルギー変化 $\Delta G°$ は $\Delta G° = -914.5 - 6 \times (-394.4) - 6 \times (-237.2) = 2875$ kJ·mol^{-1} と求まり, $\Delta G° > 0$ である. ゆえに, この反応は順方向には自発的に進行しない.

3. 考える反応は以下である.

$$H_2(g) + \frac{1}{2} O_2(g) \longrightarrow H_2O(l)$$

さらにいま自由エネルギー変化とエンタルピー変化がそれぞれ -237 kJ·mol^{-1}, -286 kJ·mol^{-1} と求まる. 電気エネルギーに変換できるのは自由エネルギーに相当する部分のみであるから, 最大のエネルギー変換効率は $237/286 = 0.83$ となる.

4. (a) $\Delta H = -373.2$ kJ·mol^{-1} であるから発熱反応である. (b) $\Delta G = -343.8$ kJ·mol^{-1} であるから自発的に進行する.

5. まず $\Delta G°$ が $\Delta G° = -370.4 - (-300.4) = -70$ kJ·mol^{-1} と求まる. よって K_p は $K_p = \exp(-\Delta G°/RT) = 1.82 \times 10^{12}$.

6. 式(5.34)より

$$0.113 = \frac{p_{NO_2}^2}{p_{N_2O_4}} = \frac{p_{NO_2}^2}{1 - p_{NO_2}}$$

よって $p_{NO_2} = 0.284$ atm. ゆえに $p_{N_2O_4} = 0.716$ atm.

7. 反応後の NO の体積分率を $2x$ とすると, N_2 と O_2 の体積分率はそれぞれ $0.78 - x$, $0.21 - x$ と表される. このとき

$$4 \times 10^{-4} = \frac{(2x)^2}{(0.78-x)(0.21-x)}$$

が成り立つ. これより $x = 0.004$. ゆえに NO の体積分率は 8% である.

8. まず $\Delta H° = 2 \times 9.67 - 33.85 = -14.51$ kJ·mol^{-1} が求まる. 式(5.39)より

$$\ln \frac{K_2}{0.113} = -\frac{-14.51 \times 10^3}{8.314} \left(\frac{1}{348.2} - \frac{1}{298.2} \right)$$

よって $K_2 = 0.262$ atm. すなわち 348.2 K における K_p は 0.262 atm である.

■第 6 章■

1. (a) メタノール, 水の順に 763.06 mmHg, 760.08 mm Hg. (b) メタノール, 水の順に 633.74 mmHg, 149.04 mmHg.

■第 7 章■

1. 1.0 mol·m^{-3}·s^{-1}.
2. 100 分以上反応させる必要がある.
3. 6.3×10^{-2} mol·m^{-3}·s^{-1}.
4. 30 分間の加熱が必要である.
5. 53%.
6. 82.4 kJ·mol^{-1}.
7. (a) 5 時間. (b) 0.000256 s^{-1}. (c) 60.5 ℃. (d) 100 kmol. (e) 1.98 m^3.

索　引

A～Z

CFCs（クロロフルオロカーボン）	15
DDT	3
HCFCs（ハイドロクロロフルオロカーボン）	15
HFCs（ハイドロフルオロカーボン）	15
PSA 法（圧力変動吸着法）	14
TSA 法（温度変動吸着法）	14

あ

圧力変動吸着法 → PSA 法	
アレニウス式	134
アントワン式	50
イオン交換	29
ウィルソン式	109
エアレーションタンク（生物反応槽）	8
液液平衡	116
液体	47
エネルギー	2
エネルギー収支	12
エネルギー保存の法則	72
エンタルピー	74
エントロピー	81
オゾン層	15
オゾン層破壊	2
温室効果ガス	13
温度変動吸着法 → TSA 法	

か

外因性内分泌撹乱化学物質 → 環境ホルモン	
回分操作	128
化学平衡	87
化学ポテンシャル	90
可逆過程	80
可逆反応	132
ガス吸収	40
化石燃料	9
活性汚泥法	8
活性化エネルギー	134
活量係数	107
環境汚染物質	3
環境ホルモン（外因性内分泌撹乱化学物質）	3
環境問題	1
完全微分	72
気液平衡	103
気体	47
ギブズの自由エネルギー	88
吸着	29
吸着剤	29
吸着等温線	30
吸着平衡	29
凝固	48
凝縮	48
均一反応	127
クラウジウス・クラペイロン式	49
クロロフルオロカーボン → CFCs	
嫌気性処理	8

好気性処理	8
コージェネレーションシステム	26
固体	47
固溶体	40

さ

最小二乗法	139
再生可能	20
砂漠化	2
酸性雨	2
紫外線	15
資源の枯渇	2
仕事	69
自浄作用	5
質量分率	102
質量モル濃度	102
質量モルパーセント濃度	102
シャルル・ゲーリュサックの法則	57
自由エネルギー	88
自由度	56
終末速度	7
昇華	48
蒸気圧	49
状態関数	72
状態図（相図）	52
状態方程式	57
蒸発	48
触媒	15, 135
水質汚染	1
水性二相分配系	4
ストリッピング → 放散	

生成物	129	熱力学第一法則	72	フロン	15
成層圏	15	粘度	64	分配係数	4
生体濃縮	4	濃度	130	平衡定数	96
生物反応槽 → エアレーションタンク				ヘルムホルツの自由エネルギー	88
		は		ボイルの法則	57
成分	56			放散（ストリッピング）	40
生分解性高分子	11	廃棄物	2	放射	12
相	56	排出物	20	飽和蒸気圧	49
相図 → 状態図		排水	1	ボルツマン定数	81
相平衡	87	ハイドロクロロフルオロカーボン → HCFCs			
相律	56	ハイドロフルオロカーボン → HFCs		**ま**	
素反応	130			マーギュレス式	109
た		ばっ気	8	膜分離	36
		ハーバー・ボッシュ法	95	メタン	13
ダイオキシン類	3	半減期	131	モル熱容量	73
大気汚染	1	反応器	128	モル濃度	102
台形公式	150	反応速度	129	モル分率	102, 103
単位操作	45	反応物	129		
地球温暖化	2, 11	比熱 → 比熱容量		**や**	
チャップマン・エンスコッグ理論	64	比熱容量（比熱）	74	融解	48
超臨界流体	52	頻度因子	134	溶相	40
定圧モル熱容量	73	ファンデルワールス式	59		
定容モル熱容量	73	ファント・ホッフの式	97	**ら**	
伝熱	71	ファン・ラー式	109		
ドルトンの分圧の法則	104	不可逆過程	80	ライダーセンの方法	55
		フガシティー	92	ライヘンベルクの方法	66
な		フガシティー係数	92	ラウールの法則	104
		不均一反応	128	理想気体	57
内部エネルギー	71	物質収支	8	臨界圧	54
二酸化炭素	13	沸点	49	臨界温度	54
ニュートン法	148	沸騰	49	臨界体積	55
熱	71	物理化学	2	臨界定数	54
熱機関	78	部分モル体積	90	臨界点	52
熱平衡	71	部分モル量	90	連続操作	128
熱容量	73	浮遊物質	6		
		フルオロカーボン	15		

著者略歴

三島　健司（みしま　けんじ）
- 1959 年　兵庫県に生まれる
- 1986 年　姫路工業大学大学院工学研究科博士課程修了
- 現　在　福岡大学工学部助教授
- 専　門　化学工学
- 工学博士

甲斐　敬美（かい　たかみ）
- 1957 年　山口県に生まれる
- 1985 年　東京大学大学院工学系研究科博士課程単位取得のうえ退学
- 現　在　鹿児島大学工学部教授
- 専　門　反応工学
- 工学博士

日秋　俊彦（ひあき　としひこ）
- 1955 年　広島県に生まれる
- 1985 年　日本大学大学院理工学研究科博士後期課程修了
- 現　在　日本大学生産工学部教授
- 専　門　化学工学，化学熱力学，流体物性
- 工学博士

新しい物理化学——地球環境を守る基礎知識

2004 年 4 月 1 日　第 1 版　第 1 刷　発行	著　者　三島　健司
2022 年 9 月 10 日　　　　　第 10 刷　発行	日秋　俊彦
	甲斐　敬美
	発行者　曽根　良介
	発行所　㈱化学同人

検印廃止

JCOPY〈出版者著作権管理機構委託出版物〉

本書の無断複写は著作権法上での例外を除き禁じられています．複写される場合は，そのつど事前に，出版者著作権管理機構（電話 03-5244-5088，FAX 03-5244-5089，e-mail: info@jcopy.or.jp）の許諾を得てください．

本書のコピー，スキャン，デジタル化などの無断複製は著作権法上での例外を除き禁じられています．本書を代行業者などの第三者に依頼してスキャンやデジタル化することは，たとえ個人や家庭内の利用でも著作権法違反です．

乱丁・落丁本は送料小社負担にてお取りかえいたします．

〒600-8074 京都市下京区仏光寺通柳馬場西入ル
編集部　TEL 075-352-3711　FAX 075-352-0371
営業部　TEL 075-352-3373　FAX 075-351-8301
　　　　振　替　01010-7-5702
e-mail　webmaster@kagakudojin.co.jp
URL　　http://www.kagakudojin.co.jp

印刷・製本　㈱ウイル・コーポレーション

Printed in Japan © K. Mishima, T. Hiaki, T. Kai　2004　無断転載・複製を禁ず　ISBN978-4-7598-0924-4